食品知識ミニブックスシリーズ

〈改訂版〉

パスタ入門

小矢島　聡・塚本　守 共著

はじめに

日本のパスタは、イタリアのパスタ品質を追い求めてきた歴史がある。しかし、現在では、パスタはイタリア料理の一皿として充分に認知され、さらに、日本独自のパスタ文化が形成されるまでに発展している。一人前をひとつの束にした結束タイプのスパゲッティや、早ゆでタイプのパスタが市場に定着したことなど、今後も日本人は旺盛な想像力と好奇心で、さらに新しいパスタ文化を形成していくであろう。

日本のパスタ元年から60年を経て、あらためて本書は、パスタとはどのようなものかから始まり、どのような歴史を経て、どのような製法で作られているかなど、網羅的にまとめさせていただいた。

パスタは、一皿でさまざまな栄養素が取れるだけではなく、食後に血糖値が上がりにくい、非常に健康的な食材でもある。日本人のパスタ喫食数が少しずつ増加し、日本人の食文化へさらに浸透することを期待している。その時に少しでも、パスタ製造に携わった人間として、本書がパスタに興味を抱いていただいた人に役立つものであれば、たいへん喜ばしいことである。

本書の出版に際し、ご協力をいただいた日本食糧新聞社の関係者の皆様に心より御礼を申し上げます。

小矢島　聡

目　次

第1章　パスタとは……1
1　パスタの定義……1
2　パスタと小麦粉加工食品……2
(1)　東西の小麦粉食品……2
(2)　里帰りしたパスタ……3
3　めん類好きの日本人……4
(1)　めん列島・日本……4
(2)　粉食と粒食……5
4　パスタの今昔……6
(1)　スパゲッティといえばナポリタン……6
(2)　パスタの浸透……7
第2章　イタリア料理とパスタ……9
1　ローマ時代の食生活……9
(1)　イタリア料理の起源……9
(2)　美食の時代へ……10
2　美食の国ローマの滅亡……11
3　ルネッサンスへの足がかり……12
4　再び開花したイタリア料理……13
(1)　豪華料理のルネッサンス……13
(2)　フランス料理の発展……14
5　新大陸からの食材の流入……15
(1)　トマトの栽培化……15
(2)　珍しい食材の定着……16
第3章　パスタの起源と歴史……18
1　イタリアでのパスタの歴史……18
(1)　ローマ時代のパスタ……18
(2)　ルネッサンス期のパスタ……19
(3)　乾燥パスタの誕生……22
(4)　パスタ産業の近代化への道……26
2　日本でのパスタ産業の変遷……28
(1)　パスタの伝来……28
(2)　日本でのパスタ作り……30

第4章　パスタの種類……33

1　ロングパスタ……34

(1) スパゲッティ　Spaghetti（伊）……34
(2) ベルミチェリまたはバーミセリー
Vermicelli（伊）……36
(3) カペッリ・ダンジェロ
Capelli d'angelo（伊）……36
(4) ズイーテまたはロングマカロニ
Zite（伊）Long macaroni（英）……37
(5) ブカティーニ　Bucatini（伊）……37
(6) パッパルデーレ　Pappardelle（伊）……37
(7) ラザニエッテ・リッチェ
Lasagnette ricce（伊）……38
(8) タリアテッレ　Tagliatelle（伊）……38
(9) リングィーネ　Linguine（伊）……38
(10) スベルチーニ　Sverzini（伊）……39

2　ショートパスタ……39

(1) マッケローニまたはマカロニ
Maccheroni（伊）Macaroni（英）……40
(2) マニケ　Maniche（伊）……42
(3) リガトーニ　Rigatoni（伊）……43
(4) ペンネ　Penne（伊）……43
(5) カバタッピ　Cavatappi（伊）……43
(6) スピラーレまたはツイスト
Spirale（伊）、Twist（英）……44
(7) フジッリまたはカール
Fusilli（伊）、Curl（英）……44
(8) コンキリエまたはシェル
Conchiglie（伊）、Shell（英）……44
(9) ルオーテまたはホイール
Ruote（伊）、Wheel（英）……45
(10) ルマキーネ　Lumachine（伊）……45
(11) カペレッティ　Cappelletti（伊）……45
(12) ファルファーレ　Farfalle（伊）……46
(13) フンギーニ　Funghini（伊）……46

3 スモールパスタ……46
(1) ロゼリーネ Roselline（伊）……47
(2) リゾーニ Risoni（伊）……47
(3) アネレッティ Anelletti（伊）……49
(4) アンジェリ Angeli（伊）……49
(5) アルファベーティ Alfabeti（伊）……49
(6) エレファンティ Elefanti（伊）……49
(7) ファルファリーネ Farfalline（伊）……50
4 生パスタおよび特殊形状パスタ……50
(1) ラザーニャ Lasagne（伊）……51
(2) カネッローニ Cannelloni（伊）……51
(3) 生タリアテッレ Tagliatelle fresca（伊）……53
(4) ラビオリ Ravioli（伊）……53
(5) オレキエッティ Orecchietti（伊）……55
(6) ニョッキ Gnocchi（伊）……55
(7) ポレンタ Polenta（伊）……55

第5章 パスタの原料および商品特性……57
1 主原料 デュラム小麦……57
(1) デュラム小麦の概要……57
(2) デュラム小麦およびデュラム・セモリナの品質……60
2 パスタの副原料……66
(1) 風味や色調に変化を与えるもの……67
(2) 食感を強化するもの、あるいはソフト感を与えるもの……68
(3) 機能性、健康志向の性格を与えるもの……68
3 パスタの商品特性……69
(1) デュラム・セモリナの食感……69
(2) パスタの機能性、利便性……71
(3) パスタの食味……72

第6章 パスタの製造法……75
1 パスタ製造機の種類……75

(1) ロングパスタ製造機……75
(2) ショートパスタ製造機……75
(3) 特殊パスタ製造機……75
2 パスタの製造工程……76
(1) 原料配合・原料供給工程……76
(2) 成形工程……79
(3) 乾燥工程……83
(4) 貯蔵安定化およびカッティング工程……88
(5) 包装工程……89
第7章 パスタの品質と表示……91
1 パスタの品質……91
(1) JASで定められた原料……91
(2) パスタの総合的品質基準……92
2 パスタの品質管理……96
(1) 基本的な品質試験法……96
(2) 官能検査……97
(3) 物性測定……98
(4) 色調測定……101
3 パスタの品質表示……102
4 パスタのゆで方……103
(1) スパゲッティのゆで方……103
(2) アルデンテとは……106
5 パスタの保存性と保存方法……110
(1) パスタの保存性……110
(2) パスタの保存方法……116
第8章 栄養と料理……118
1 地中海式パスタダイエット……118
(1) 地中海式ダイエット提唱の背景……118
(2) 南イタリアの食事……119
(3) 地中海式パスタダイエットの内容……121
2 パスタ・カーボローディング……121
(1) 炭水化物と血糖値……123
(2) パスタ・カーボローディングの内容……124
3 パスタ料理あれこれ……126

(1) トマトソースのスパゲッティ Spaghetti al pomodolo …… 126
(2) 煮込み風ソースの代表的料理 …… 127
(3) 香草を使った代表的料理 …… 128
(4) 魚介類を使った代表的料理 …… 129
(5) 卵を使った代表的料理 …… 131
(6) 野菜を使った代表的料理 …… 132
4　イタリアパスタ料理の地方別特色 …… 133
(1) 郷土色を生み出す背景 …… 133
(2) 北部イタリアのパスタ料理 …… 134
(3) 中部イタリアのパスタ料理 …… 135
(4) 南部イタリアのパスタ料理 …… 136
5　和食とイタリア料理の共通点 …… 138
(1) 食材の共通点 …… 138
(2) 調理法、栄養価の共通点 …… 139

第9章　パスタの生産と消費 …… 141
1　日本のめん類市場の動向 …… 141
2　国産パスタの生産・消費の動向 …… 143
(1) 食べ方の啓蒙と普及 …… 143
(2) 機械化と過熱する価格競争 …… 145
(3) イタリアンブームとパスタの定着 …… 147
3　輸入パスタの動向 …… 150
4　最近の消費安定とその要因 …… 151
(1) 消費拡大の内的要因 …… 151
(2) 消費拡大の外的要因 …… 153
5　今後期待されるパスタ商品 …… 156
(1) 調理の簡便化、合理化への対応商品 …… 156
(2) 健康志向への対応 …… 158

第10章　産業構造と業界状況 …… 160
1　パスタ産業の構造 …… 160
2　業界状況 …… 161
(1) 協会の設立とパスタメーカー推移 …… 161
(2) パスタ商品の規格整備 …… 163

第11章　パスタ製造に関連する法規制……167

食品安全基本法……167
食品衛生法……167
JAS法（農林物資の規格化及び品質表示の適正化に関する法律）……167
不当景品類及び不当表示防止法……167
計量法……168
健康増進法（栄養改善法）……168
食品リサイクル法（食品循環資源の再生利用等の促進に関する法律）……168
製造物責任法（PL法）……169
参考文献……170

第1章 パスタとは

1 パスタの定義

スパゲッティ・マカロニ類を総称して「パスタ」(Pasta) と称する。パスタとは、小麦粉を主体とする穀粉に水を加えて、こねた練り粉を意味するものである。

すなわち、英語のペースト(Paste)と同義語である。イタリア語辞典では、Pasta の第一義は「練り粉」「ペースト」、第二義に「パスタ(スパゲッティ、マカロニなどめん類の総称)と記載されている。

したがって、広義のパスタは、マカロニやスパゲッティをはじめとして、一般のめん類やパン、ケーキ類など、練り粉を加工した食品全般を広く包括したものをいうことになる。

イタリアでは、いわゆるスパゲッティ、マカロニ類を広義のパスタ(ケーキなどを含む)と区分するために、パスタ・アリメンターレ(Pasta alimentare)という言い方もしている。

しかし、通常は単にパスタと称するのが一般的で、これには身近なスパゲッティ、マカロニのほか、素麺状のバーミセリー、板状パスタのラザーニァ、詰め物入りパスタのラビオリなどを指すことになる。あるいは、ニョッキやポレンタ料理までを含めて指すこともある。

パスタのように、めんの形状をした加工食品は、イタリア固有のものではなく、日本人が古くから馴染んできたうどんやソバをはじめ、中国や東南アジアなど世界に広く分布している。

ソバや特殊なめんを除いては、大半が原料を小麦粉とするもので、いずれのめんも歴史は古く、起源をたどると、そこにはめん同士深い関連があるのではないかと興味深いところでもある。

2 パスタと小麦粉加工食品

(1) 東西の小麦粉食品

人類の食の歴史は、小麦とともに歩んできたといっても過言ではない。世界でもっとも古く、最高の加工食品はパンであるともいわれている。

パスタもパンと同様に小麦を原料とする加工食品であり歴史は古く、今から時代をさかのぼること、およそ2000年以上前に起源を発するといわれている。


米も小麦と並んで、古くから人類の主要食用穀物として利用されてきたが、米は粒のまま調理して食べる粒食である一方で、小麦は砕いて粉に加工してから、調理して食べる粉食であるという違いがある。

そのため、小麦は粉にする技術、すなわち、製粉技術の発達を生むことになり、その技術が発展するにつれて、小麦粉の食用としての利用範囲がだんだん広がってきた。

結果として、製粉技術が十分に発達した今日では、小麦粉を利用した食品は数限りなく誕生し、食卓をにぎわすこととなった。

古来、小麦粉は、水で練った生地に加工して食べられている。小麦粉生地の食品としての利用技術の流れは、一つはエジプト、ギリシャなど大陸の西側にパンの形で、もう一つには中国を中心とする大陸の東側のアジア地域にめんの形で、分かれて発展してきたといわれている。

めん類の一種であるパスタだけが、なぜ西側のイタリアという国にだけ定着しているのか、われわれ大陸の東側の人間から考えると不思議なことである。

パスタの起源については、もともと西側で生まれて発展したとする説や、東側で生まれためんが流れて行ったとする説など、諸説ある。

(2) 里帰りしたパスタ

パスタの発祥について、視点を現在に移して考えると、仮にパスタの発祥が東側にあって、それが西側に流れたとすれば、今日の日本でのパスタの定着ぶりをみると、地球をぐるりと回って、再び日本という東側の国に里帰りしてきたことになる。

歴史の古い数ある小麦粉加工食品のなかにあって、パスタは先輩格のパンなどとともに日本での消費の伸びが高い。

日本でのパスタ産業の歴史は浅く、イタリアと比べれば今日までたかだか60年間の歴史をもつに過ぎないが、それにしても、その定着ぶりは立派である。その間に、パスタ産業は近代的食品産業として育ち、品質は世界に匹敵するものとなった。

また、日本人の器用さも手伝って、本来欧米の食品であるはずのパスタを和風の味付けにアレンジしたり、日本人の好みに合わせた品質を開発したりするなど、日本人の食生活に上手に調和させ、深く生活に浸透している。

3　めん類好きの日本人

(1) めん列島・日本

日本は伝統的なうどんやソバ、中華めん、そしてパスタなど、世界に類をみないほどバラエティーに富むめん類王国といえる。しかも、地域性もなく北から南まで、あまねくめん類列島といえるであろう。

食シーンも特別な機会に食べるものではなく、どのめんも日常の生活のなかで気楽に食べられている。このように複合的に食べられているところにも特徴がある。

近年では、各種の即席めんや冷凍めん、そして保存性のあるゆでめんなど二次加工品も多く、しかも、食べやすいいろいろなめん類が市場に出回ってきたことも特徴の一つであろう。

このように、われわれ日本人は古くからたいへんなめん類好きであり、しかも、日常の主要な食料としての役割を果たしながら、人々の食生活を支えてきた。

現在、日本で消費されるめん類全体の量は、およそ130～140万t前後である。日本人一人当たり年間約10～11kgのめん類を食べていることになる。

めん類のうちもっとも多く食べられているのは、やはり伝統のあるうどん類であり、次いで中華めん、そしてパスタという順になる。

パスタの消費やその関連についての詳細は後述するが、めん類全体の消費のなかでは、およそ8分の1程度となっている。

日本でのパスタは、1000年以上の歴史をもつうどんに比べれば、やはり伝統の差がそのまま消費の差として表れている。

伝統の重みはその国において特有の食文化を生み出しており、めん類についても日本にはうどんの食文化があるごとく、イタリアにおいてはパスタの食文化がある。

イタリアにおけるパスタの消費量は日本の数十倍であり、パスタの食文化の深さの違いが出ているものと思われる。

(2) 粉食と粒食

小麦粉を原料とするめん類は、いうまでもなくでん粉質食品であるが、もう一つのでん粉質食品としての米は、日本でめん類以上に多く食べられている。小麦のように皮が硬くそれを除きにくい穀物は、どうしても粉食として食べざるを得ない。

図表1－1　国民1人・1年当たりの米と小麦の消費量変化

（単位：kg、％）

	米		小　麦	
	消費量	前年比	消費量	前年比
平成19年	61.2	0.3	32.2	1.3
20年	58.8	▲3.9	31.0	▲3.7
21年	58.3	▲0.9	31.7	2.3
22年	59.5	2.1	32.7	3.2
23年	57.8	▲2.9	32.8	0.3
24年	56.3	▲2.6	32.9	0.3
25年	56.9	1.1	32.7	▲0.6
26年	55.6	▲2.3	32.9	0.6
27年	54.6	▲1.8	33.0	0.3
28年	54.4	▲0.4	32.9	▲0.3

資料：農林水産省「食料需給表」

このように、主食となる2種類の穀物を粉食と粒食（米）として、同じような感覚で食べあわせている民族も珍しいのではないだろうか。

今、日本で食べられている穀物の量は、およそ年間一人当たり90kg前後であるが、量は減少傾向にある（図表1―1）。

このことは、米を主食としていた日本人の食生活の構造が変化してきていることを示すものである。同じでん粉質食品を食べるにしても、米から小麦粉系のパスタやパン、あるいは即席めんに主食としての比重が移行しているといえるであろう。

4　パスタの今昔

(1) スパゲッティといえばナポリタン

今から50年ほど前は、スパゲッティ料理といえばスパゲッティ・ナポリタンかスパゲッティ・ミートソースであった。マカロニ料理といえばマカロニサラダであって、それ以外のパスタメニューはまだまだ普及していない時代であった。

家庭ではもちろんのこと、一般のレストランでも、それ以外のメニューを求めるのは難しく、よほどの専門店でなければ食べられなかった。

当然パスタの種類もごく限られたものであった。それが、今日ではパスタの種類も数多く流通しており、日頃パスタを購入するにしても、さまざまな商品が並んでいて迷うことすらある。

このように種類が多くなると、単にスパゲッティやマカロニという名称だけにとどまらず、パスタのあらゆる種類を一括して表現する必要が出てきた。

今日では、パスタという名称を使うことで、それが解決できるようになった。パスタという言葉の響きが、新しい感覚を生み出したのだ。

(2) パスタの浸透

1980年代のバブル景気時代には、イタリア料理ブームからパスタ料理もブームとなり、イタリアンレストランが数多く出現し隆盛をきわめた。

パスタの新しい感覚が多くの若い人たちに受け入れられ、幅広く関心をもたれ始めたのがこの頃である。

めん類を好んで食べてきた日本人であるから、洋風めんであるパスタを受け入れる素地も十分にあったものと考えられる。

パスタ料理は、メニューの豊富さや料理素材のバリエーション、ファッション性などが受けて生活に浸透していった。

こうした背景もあって外国から伝来したパスタが、立派に日本の市民権を得た食品となったのだろう。

パスタが日本で作られ始めたのは、明治時代の末から大正時代の初期にかけて、外国人に依頼されて作ったものである。第一号のそれは別の名を「穴あきうどん」と称するものであった。

しかし、これは限られた人々だけのものであり、日本の市場では、パスタはないに等しかった。

本格的に製造され、市場に流通するようになったのは1955（昭和30）年以降である。その後、パスタの普及にはかなりの年数を要し、パスタメーカーは販売と啓蒙に努力を強いられる時代を経た。

それが、今日の隆盛をきわめる礎となったわけであるが、パスタは単なる新しい感覚やファッション性だけで受け入れられてきたわけではない。

その後のパスタの品質改良やおいしさを訴求するメニュー開発、そして、パスタの栄養学的な価値観の見直しもあって、さらなるパスタの普及にプラスとなっている。

栄養学的見直しとは、パスタの主成分である炭水化物が人間のエネルギー源として、重要な働きをしているということが再発見されたことである。

現代のような複雑な社会構造での生活では、精神的にも肉体的にもストレスのたまりやすい状況となっている。

こうしたなかで、長期的視点での健康管理となると、どうしても心の面に重点が置かれがちである。あるいは、環境を変化させたり日常の生活行動を変換させたりすることに留意することになり、意外に食生活への配慮が忘れがちである。

このようななか、炭水化物が体内でのエネルギー代謝に効果的に働くことや、日常の行動コントロールにも効果的であるということが研究されている。このことについては、第8章で詳しく述べる。

第2章

イタリア料理とパスタ

1 ローマ時代の食生活

(1) イタリア料理の起源

パスタはイタリア料理の素材の一つであり、数多くの料理素材をもつイタリア料理のなかでも、とりわけその重要性は高い。

極端な言い方をすれば、イタリア料理イコールパスタ料理という感すらあり、それだけに、イタリア料理におけるパスタ料理の存在は大きい。パスタ料理を盛りたてるイタリア料理がどんな食文化をもっているのか、背景を知っておく必要がある。

イタリア料理は西洋料理のルーツといわれており、2000年以上の長い歴史がある。

紀元前8世紀頃に、テベレ川沿いに住み着いた初期のローマ人は、それまで地中海地方を支配していたギリシャ人や、イタリア半島を支配していたエトルリア人の文明や食文化を受け継ぎ、のちに美食の帝国といわれるほどの食文化を築き上げた。

明確な起源ははっきりしないが、古代のローマ人はプルテス（Pultes）あるいはプルス（Puls）と呼ばれる、キビや小麦などの穀物を荒挽きして、どろどろの粥状に煮込んだものを食べていた。これが人類史上、最初のパスタであるといわれている。

不思議なことに、このプルテスあるいはプルスにまったく近い形で、現代のイタリアに引き継がれている料理がある。それがポレンタ料理であり、素材となるものが、現在ではトウモロコシであるということぐらいの違いのみである。

また、調味料として欠かせない塩を、海水から精製する方法を考えたのはローマ人である。当時、塩は貴重な交易品として取り引きされ、ローマ帝国を築く重要な財源となっていた。

(2) 美食の時代へ

紀元前3世紀頃になると、イタリア半島をほぼ手中に収めたローマ人は、さらに西アジアへと遠征し、東方の国々との接触によって珍しい食べ物を知り、ローマへ持ち帰ってきている。東方の国での食べ物の影響を受けて、ローマの貴族ばかりでなく一般市民までも、色とりどりの珍しい食べ物に取り囲まれて、食生活を楽しんだともいわれている。

1世紀から2世紀にかけて、ローマはいよいよ力をつけてローマ帝国の黄金時代を迎え、人々の生活も華やかで充実したものになった。

すでに、紀元前から野菜や果物などの栽培が行われていたようで、タマネギ、ニンジン、キャベツなどが作られ、ニンニクはローマ軍の携帯食として使われていた。果物のイチジクも、生で食べるほか、乾燥イチジクとしても食べられていたようである。

また、ブドウの栽培も早くから行われ、生でも食べたであろうが、ワインはローマ人の食卓には欠かせないものであった。

ハーブ類もローマ時代にはよく使われ、この頃から料理には塩味、甘味、酸味など、味付けにも工夫が凝らされた。

まだ砂糖のなかったこの時代、蜂蜜は甘味料として貴重なもので、砂糖の代わりにあらゆる料理に使われていた。

その当時の料理がそのまま残っているものがあり、それが「蜂蜜で味をつけた卵」という意味をもつオムレツである。現代に生きるわれわれが、今でもローマ時代の料理を楽しんでいることになる。

チーズもこの時代には作られており、チーズケーキや羊乳のリコッタチーズなどもすでに存在したといわれている。

ローマ人は肉類を好んで食べ、それを加工したハムも食べていた。まだ食物を保存する技術が未熟なこの時代に、いかにして長く保存させるか、そして、鮮度の落ちた肉をいかにおいしく食べるか。それには、ハーブ類が欠かせない存在であったと思われる。

このローマ時代に、世界最初の料理書が出版されている。その料理書に、パスタについて初めての記述がなされたということである。

2　美食の国ローマの滅亡

ローマは遠く西アジアの国々にまで支配領域を広げ、一大帝国を築き上げるのに貢献した貴族など支配階級の人々は、支配領域の各地から珍しい食べ物を集め、食卓に供して贅を尽くした食事を楽しんだといわれている。

彼らの美食が食文化の繁栄を促し、今日のイタリアのすばらしい食文化につながっているものと考えられる。

ローマ時代の一日の食事は、朝食と昼食を兼ねた軽い食事と、日の沈まぬ夕刻の早い時間から始まる晩餐の2回であった。

貴族階級の晩餐は、まず、公衆浴場に行くことから始まる。図書館や運動場まで備えた立派な公衆浴場で汗を流し、その後、自宅に帰り食事用の衣服に着替えて、食堂での華やかな饗宴が始まることになる。こうした立派な公衆浴場は、ポンペイの遺跡にも見られるような、すばらしいものであったものと思われる。

こうして、ローマの人々は異国の食材を自分たちの食にうまく調和させて、食の文化を開花させていった。

しかし、極端なまでに美食を謳歌したローマ帝国も、4世紀後半になると異民族が侵入することになり、それまで培ってきたローマの文化はことごとく覆されてしまった。

5世紀後半には西ローマ帝国は滅亡し、同時に豪華な料理はその後数百年の間、歴史のなかに埋没してしまうことになる。

3 ルネッサンスへの足がかり

8世紀になると、東方からイスラムの軍勢が押し寄せ、イタリア半島の南部やシチリア島を支配下に置くようになる。新しい支配者となったアラブ人は、砂糖をヨーロッパにもたらしたばかりでなく、アイスクリームやシャーベットなど多くの珍しい食べ物をもたらすことになった。これらの食べ物は、その後のヨーロッパの国々の料理を豊かにするのに多大な貢献をしている。

イタリアをはじめとするヨーロッパの諸国は、11世紀から13世紀にかけて、聖地エルサレムを奪回するため西アジアへ十字軍を派遣させた。

結果的にこの軍隊の派遣は、東方との交通や交易を拡大させるルート作りをしたことになり、商業都市の興隆を促進させることになった。

イタリアでは、貨幣経済を背景とした商業が盛んな都市国家が各地に興隆した。政治的、経済的にこれらの都市国家はそれぞれ分離していた。文化や芸術も互いに競い合い、高度に洗練されたものをもつようになっていった。

裕福になった都市国家の市民たちは、かつて豊かな食生活を誇っていたローマ時代の食事方式や調理法を再び取り入れて、食卓を賑やかにすることを復活させた。

この13世紀頃に出版された料理書には、各種パイの作り方や、パスタの一種であるバーミセリーやトルテリーニの調理法が載っているといわれている。

同じ13世紀の末には、イタリア人のマルコ・ポーロが長く滞在していた中国から帰国した。彼の冒険旅行は、アジア産のスパイスを直接手に入れるルートを開拓する足掛かりとなった。

このアジアからのスパイス貿易を独占したのがベネチアの商人であり、彼らはスパイスの商取引によって、莫大な利益を生み出した。

彼らは自らもその食材を使って料理の改良や発展に力を入れ、長い間停滞していたイタリア料理を再び芽生えさせることになった。

4 再び開花したイタリア料理

(1) 豪華料理のルネッサンス

暗い中世の時代を経て、イタリアはいよいよ明るい兆しの見えるルネッサンス時代を迎えることになる。ルネッサンスは文芸の復興のみならず、料理にとっても復興の時代であった。

それぞれの都市国家の貴族や莫大な富を得た商人たちは、より豪華に食事を楽しむために、宴会料理などで華やかさを競うようになった。

なかでも、フィレンツェのメディチ家の宴はその頂点に立つもので、とくに大ロレンツォ時代の宴席料理には、洗練された料理技術が駆使されたといわれている。

そして、料理ばかりでなく、食事を楽しむ雰囲気作りにも気を遣い、調度品や装飾品などもすばらしいものであったようである。

食事の内容は、果物やケーキなどの甘いものから始まり、仔牛や鳥の肉料理が幾皿も続いた後、最後にチーズが出された。

こうした豪華な食事は貴族だけにとどまらず、一般市民の家庭にも浸透していったといわれ、これがフィレンツェの料理技術の水準を底上げすることになった。フィレンツェはイタリアどころかヨーロッパ随一の料理の都となり、ヨーロッパのほかの国へもその技術を伝えることになった。

(2) フランス料理の発展

16世紀半ば頃、フィレンツェ随一の富豪家メディチ家の娘であるカテリーナ・ディ・メディチが、フランスのアンリ2世に嫁ぐとき、メディチ家に仕えていた数人のコックをカテリーナに同行させた。このコックたちが作るイタリア料理が、フランスの宮廷料理に取り入れられ、徐々にフランスに定着を始めた。のちのフランス料理は、このときのイタリア料理をベースに発展をみることになる。

イタリア風ケーキをフランスに伝えたのもこのコックたちであり、砂糖やアイスクリーム、コーヒーをヨーロッパの国々に伝えたのもイタリア人である。

また、食事には欠かせないフォークを伝えたのもイタリア人であるというように、先端を行くイタリアの食文化が、少しずつヨーロッパ各地に広がることになった。

この頃になると、イタリアではいろいろなパスタが生み出されて、多くの人たちが食べるようになった。

イタリアで米が食べ始められたのも、ルネッサンスの時代からであった。ミラノ公国の領主は稲作を奨励したため、現在にいたるまでミラノを中心とした北部イタリア地方では、米が多く食べられている。ミラノ風サフラン入りリゾットは、有名なメニューの一つだ。

このように、ルネッサンス時代のフィレンツェを中心としたイタリア料理は、高いレベルを誇り、人々の生活を楽しませてくれるものであった。パスタもその食材の一つであったことには、間違いない。

5 新大陸からの食材の流入

(1) トマトの栽培化

15世紀末頃になると、コロンブスの新大陸発見をはじめとする大航海時代が始まった。この新大陸の発見や航路の開拓は、ヨーロッパの人々に今まで見たこともない珍しい多くの農産物をもたらした。

しかし、それがすぐにヨーロッパの人々に受け入れられたわけではなく、不信感をもった目で眺められていたのが実情であった。紆余曲折を経ながらも、長い期間をかけてヨーロッパ各地に定着するようになる。

なかでも、イタリア料理にもっとも大きな影響を与えたのがトマトである。新大陸から運び込まれた当初は、黄色で比較的小粒のもので、鑑賞用でしかなかった。

イタリア語でトマトのことをポモドーロというが、これは黄色のリンゴという意味で、まさしく当時の姿を映し出した表現といえる。

イタリアで初めてトマトが本格的に栽培されたのはナポリ地方である。これに改良を重ねて、今日のような食用のトマトが栽培できるようになった。当時から数えて400~500年を経た今日では、トマトソースはイタリア料理にとって欠かすことのできない基本的なソースであり、世界共通の基本的ソースともいえるものになっている。

(2) 珍しい食材の定着

トウモロコシをヨーロッパで初めて食用に転用したのも、イタリア人であった。それまでは飼料用でしかなかったものを、ローマ時代の主食であったプルテスあるいはプルスにならい、トウモロコシ粉に熱を加えながら練り上げたポレンタ料理を考え出している。

このポレンタ料理は、北部イタリア地方の名物料理となっている。

一方、ジャガイモは、ドイツやフランスに比べるとイタリアでの利用は少なく、パスタの一種であるニョッキの材料に使われるくらいである。

新大陸の農産物で、トマトと並んでイタリアでたくさん食用とされているものに、インゲン豆がある。もともとイタリア人は豆を好んで食べる民族で、ローマ時代の昔から食べられており、豆を使ったパスタ料理などもある。

このように新大陸からもたらされた珍しい農産物は、その後のパスタ料理とは切り離すことができないほど、重要な存在となった。

また、新大陸以外の地からヨーロッパへ伝来し、人々を虜にしたものにコーヒーがある。東方のイスラム世界からイタリアのベネチアに渡り、ベネチアからヨーロッパ各地に広がっていった。17世紀には、ベネチアにはすでにコーヒーショップがあったといわれている。今やコーヒーは世界の飲み物であるが、イタリアはエスプレッソ・コーヒーをはじめ世界でもっともコーヒーのおいしい国の一つである。

こうしたイタリアの食文化のなかで、パスタは育っていった。

第3章

パスタの起源と歴史

1　イタリアでのパスタの歴史

(1) ローマ時代のパスタ

① パスタの起源

人類は先史時代に火を発見して以来、食料を煮る、あるいは焼くといった調理法を生み出し、次いで揚げるという調理法を考え出した。

パスタは既述したように、小麦粉を主体にした穀粉を練り上げた練り粉であり、これからみると、パスタの歴史は練り粉の歴史までさかのぼることになる。

古代のローマ人は、長い間穀物の荒挽き粉を粥状に煮込んだ、「プルテス」あるいは「プルス」を食べていたといわれており、これが歴史上最初のパスタといえる。

プルテスあるいはプルスには、豆や羊肉を入れたものなど、いくつかの種類があったといわれている。

そして、プルテスあるいはプルスを今日まで引き継いでいる料理にポレンタ料理があり、プルテスの時代から2000年以上の長い歴史をもつ料理が現存していることは、たいへん興味深いところである。

小麦粉などを水あるいはスープでどろどろに煮込む料理は、パスタ料理のもっとも原始的な調理法である。現在でも、イタリアの各地に粥状のパスタスープは点在している。

② タリアテッレやラザーニャへ

また、穀物の粥を薄く板状にして焼いた料理、テスタロイというものがローマ時代に存在していた。

このテスタロイは、ピッツァ（Pizza）やフォッカッチャ（Focaccia）の原形ではないかと推測されている。これもまたパスタの一種である。

この焼いたパスタを食べやすくするために、細長く切ったり、野菜と一緒に煮込んだりと、調理方法も少しずつ変化していった。

これが、現代のパスタであるタリアテッレ（Tagliatelle）やラザーニャ（Lasagna）、そしてイタリアの典型的なスープ、野菜たっぷりのミネストローネ（Minestrone）に受け継がれている。

ちなみに、イタリア語で「切る」という言葉はタリアーレ（Tagliare）といい、そこからタリアテッレの名称が付けられている。

このようにローマ時代に、現代に残るパスタを彷彿とさせるものが、早くも芽生えていたということになる。

ローマ帝国は時代に先駆けて、市民の食生活を支えるシステムが発達していて、2世紀の初め頃には、市場が早くも開設されていたといわれる。市場には肉屋、魚屋、香辛料屋をはじめ多くの店が並んでおり、このなかにパスタを売る店があったのかどうか、記述がないのが残念である。

(2) ルネッサンス期のパスタ

① 詰め物パスタの誕生

西ローマ時代の滅亡から、ルネッサンス運動の前兆期である中世後期までの数百年間、パスタ料理がどうであったのか、あるいは、どう変化したのかについては知る手だてもなく、まったくの空白の時代である。

ただし、この空白の時代を挟んで、調理の方法が明らかに変わっていることだけはわかっている。

ローマ時代には、パスタは焼くか揚げるか、または焼いたり揚げたりしたパスタを野菜と一緒にスープに入れて煮込んで食べていた。

それが中世の後期になると、パスタを生のままスープに入れたり、ゆでてソースのような調味素材と和えたりして食べるように変化した。

この時代には、パスタの種類や調理法も多様化して充実したものになりつつあった。イタリアの書物によると、13~14世紀には、パスタは一般市民の家庭にも広く普及するようになったとも記されている。

小麦粉の生地を団子のように丸めたニョッキ（Gnocchi）や詰め物入りパスタのラビオリ（Ravioli）、トルテッリーニ（Tortellini）などが登場してくる。その調理法は、古きローマ時代のスープで調理するものではなく、まず、お湯でゆでてから、ソースや調味料で和えて食べる方法であった。

想像するに、詰め物入りパスタの発祥は、ニョッキの生地を薄く皮状に伸ばすことから始まり、この皮で、場合によっては残り物の肉や野菜、チーズなどを包み込むという、生活の知恵から思いついたのではないか。それであれば、すばらしいアイデアパスタということになる。

今では詰め物入りパスタは、イタリアの北部地方を中心に一つの料理として完成し、名物料理ともなっている。

いろいろな書物にも記述されているが、この時代にはマカロニとニョッキの名称は、混同して使われていたという。フィレンツェの文学者ボッカチオが書いた小説『デカメロン』には、マカロニという言葉が出てくるが、これはニョッキを描いているものであるともいわれている。

現在のイタリアでも地方によっては、ニョッキを使った料理をマカロニ料理と呼ぶところもあるといわれている。

面白いことに、イタリア語でニョッコ（Gnocco）は「のろま」を意味する言葉であり、今日マカロニ野郎といえば「のろま、まぬけ」を意味していて、この辺りにも混同使用をしていたことを示唆するものがあると思われる。

それにしても、団子状のニョッキと穴あきのマカロニが、どうして名称を混同して使用されていたのか、想像するに不思議なことである。

② パスタのルネッサンス

マカロニの名称は、ギリシャ語に語源を発するといわれており、その言葉が書物に出てくるのは11世紀頃とのことである。

また、15世紀の書物には、穴のあいたマカロニの作り方が記されている。それによると、初期の頃の原始的なマカロニは、薄く伸ばした四角のパスタ生地を細長い棒に巻き付けて、両端を接着させた後、棒から引き抜いて穴のあいたマカロニに成形していたようである。ちなみに、現在でもこの手法は手作りのマカロニとして残されている。

この時代は手作りのパスタであったが、その他ローマ時代からのラザーニァやタリアテッレも一般化してきた。

しかし、調理法は以前と違って、ソースや調味素材と和えて食べるように変わってきたが、そのことは、ほかのパスタと同様の変化である。

このように中世からルネッサンス期にかけて、イタリアでは数多くのパスタが登場しているが、いずれも手作りの生パスタとして食べるものであった。

一方、南部のシチリアでは、15世紀頃にはスパゲッティの元祖ともいえるような棒状の乾燥パスタが作られ始めている。

この時代には料理全般において、味付けや調理技術、そして、調理素材などあらゆる面で研究がなされており、料理そのものが進歩している。パスタも同様に進歩し、イタリア料理の素材として欠かせないものになった。

あらゆるものが進歩し発展したイタリアのルネッサンス期は、料理もパスタも同様のことがいえる。

ローマ帝国以来、久しく息を潜めていたイタリア料理が、再び華やかな宮廷料理の時代を迎えることになり、さらに技術のレベルが上がることとなった。

(3) 乾燥パスタの誕生

① 乾燥パスタの起源

乾燥パスタの誕生には諸説があり、どれが正しいのかわかりにくいところがある。ローマ時代の原始的なパスタは、手作りのパスタであったことには間違いないが、伝統的に生パスタは北部地方で、乾燥パスタは南部地方で食べられている。このことからみて、乾燥パスタは南部地方に起源を発すると推定される。

一説には、乾燥パスタはマルコ・ポーロが中国から持ち帰ったという説がある。確かに、めんの歴史の古い中国から持ち帰ったとする説にはうなずけるところがあるが、これを否定する証拠が出ている。

マルコ・ポーロは1271年に東方への旅に出発し、1295年に帰国している。ところが、1279年にジェノバの公証人が書いた財産目録の中に、「満杯のマカロニ1箱」と記載されている。彼の帰国する16年前のことである。

箱に入れて保管してあったということから、乾燥パスタであった可能性は大いにある。

ということは、13世紀の末には乾燥パスタが存在していたということになる。

財産目録にパスタの記述があるほど、当時としては、パスタは貴重な品物であったことの証拠でもある。

乾燥パスタの起源についての別の説としては、アラブ地方から南イタリアに伝来したとする説がある。

一方で、シチリアを起源とする説もあるが、この両者はイタリアの南部地方を根拠とする話で、元は同じ話であるかもしれない。

シチリアには、この地方の方言で「トリー(Trii)」と呼ばれる、簡単な押出機によって成形した乾燥パスタがある。トリーという言葉はアラビア語のイトリアという言葉を語源としているといわれている。

もともとイタリア産のパスタであるならば、わざわざアラビア語を語源とする名称を付ける必要はないわけである。

また、アラブ人が13世紀以前からシチリアを支配していたという背景も考え合わせると、乾燥パスタがアラブ地方から伝来したという説は、かなり有力なものとなる。

② 乾燥パスタは携帯食料

それでは、なぜ、アラブ人が乾燥パスタを考え出したのだろうか。

西アジアから地中海地方に向かうキャラバンは、暑い日差しを浴びながら、長い砂漠の道を横断しなければならない。

携帯する食料が小麦粉や生パスタであっては、旅の途中で腐敗してしまうおそれが十分にあり、そこで小麦粉の生地を乾燥させ、保存のきく携帯食料にしたと考えられる。

乾燥パスタは14～15世紀頃までは、主として南部地方に限られたものであった。パスタを乾燥させるために、当時は天日乾燥の方法しかなく、晴れた日が多い地中海性気候のイタリア南部は、パスタの乾燥には好都合であった。

そして、パスタの原料となる硬質種のデュラム小麦は、イタリア南部が産地であって、そのためにナポリを中心とした南部地方が、乾燥パスタの産地として発展することになった。

乾燥パスタの作り方についてもいろいろな工夫がなされ、パスタの種類も徐々に多くなった。

たとえば、昔から伝わる伝統的なロングパスタの「マッケローニ・アッラ・キターラ（Maccheroni alla chitarra)」は、15世紀頃にその製造器具が考案されている。

これは棒状のロングパスタで、製造器具はキタッラ（ギター）と呼ばれ、木の枠組みの上にギターの弦のように針金を一定間隔に張った道具である。

パスタ生地をこの針金の上に置いて、丸棒で押し付けると、生地は針金によって切断され、下に棒状のロングパスタとなって落ちる仕組みである。(図表3—1)。

14世紀中頃にはパスタ作りを専業とする職人が誕生し、職人の組合まで存在していた。彼らは品質や営業上の規則をお互いに守りながら、パスタ産業の育成に努めた。

この時代には、まだスパゲッティに関する記述は出てこない。棒状のロングパスタはベルミチェリ（Vermicelli）やフェデリーニ（Fedelini）と呼ばれていたようで、スパゲッティが登場するのはずっと後の時代の、パスタを工業的に生産する頃になってからである。

資料：「朝日百科」イタリア4　パスタ

図表3－1　昔ながらの手作りパスタ（キッタラ）

⑷ パスタ産業の近代化への道

① 圧力機の出現

17世紀にはパスタの産業が盛んであったナポリ地方に、トマトが本格的に栽培され始めた。このトマトとパスタの組み合わせが、パスタの消費をより多くして、ナポリはパスタの都といわれるまでになった。

ナポリでは、民衆が路上でパスタを手づかみで食べている情景が絵になるほど、大衆的な食べ物として親しまれるようになった。

16世紀にパスタ作りのための圧力機が出現している。それまで手作りであったものが、一部機械を使用した押出し方式の作り方に替わり、今日のパスタ製造の礎となるものが誕生した（図表3―2）。

ナポリのパスタ製造業者の組合は、パスタ作りは圧力機を使用しなければならないと義務づけ、この製造法の普及に努めた（図表3―3）。

パスタの成形はどうにか機械化されたが、乾燥についてはまだ天日乾燥のままであった。

② 乾燥方法の機械化

18世紀後半にイギリスで始まった産業革命は、イタリアのパスタ産業にも波及して、押出し機の動力は人力から油圧へ、やがて電力へと進歩していった。

天日に頼っていたパスタの乾燥が、どのような変遷を経て人工的な乾燥方法に移行したのか、詳細については資料がない。しかし、天日乾燥に適していない地にパスタ製造所が設立されたのは、100年以上も前のことである。

イタリアの山間部やその他の地に、現在でも古

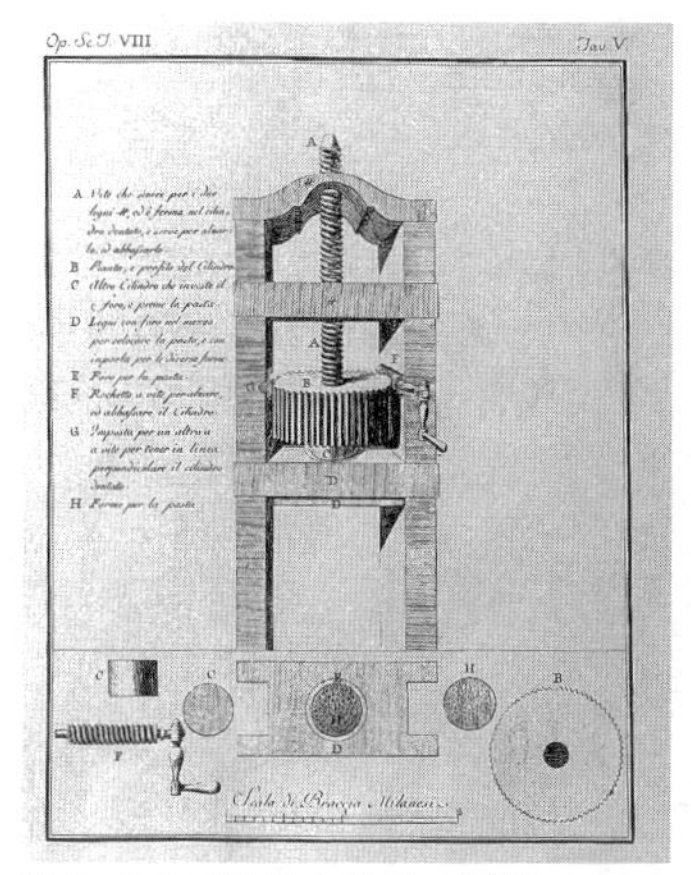

資料：ミラノ市ブライバンティ社提供

図表３－２　16世紀のパスタ成形機

資料：ミラノ市ブライバンティ社提供

図表３－３　16世紀イタリアのパスタ工場

い歴史をもつパスタ企業は存在している。どうみてもこれらの地は天日乾燥が難しいが、パスタ企業が誕生したということは、機械的な乾燥方法の確立と関係があるのではないかと考えられる。

③ パスタ製造の全自動化

20世紀前半にイタリアの機械メーカーによって、パスタの連続式押出し製造機が開発された。現在のパスタ製造機のプロトタイプ的なものであり、これによってパスタの製造方法は飛躍的に発展することになった。

その後、技術の進歩に合わせて改良が進められ、現在では原料小麦粉の供給から乾燥まで、まったく人手をかけない全自動生産ラインとなっている。

パスタ製造機のメーカーは、イタリアに数社あるが、ほかにスイスやアメリカにも存在している。日本のパスタ企業は、イタリアあるいはスイス製の自動生産ラインを採用している。

日本においては、製造の自動化とともに独自に品質の研究や改良が進められ、今や製造的にも品質的にも食品産業の一つとして立派に確立した。

このように日本においても、高度なパスタ製造技術が確立されていった。

2 日本でのパスタ産業の変遷

(1) パスタの伝来

① 外国人のためのパスタ

日本へパスタが初めて持ち込まれたのは、幕末頃の横浜外国人居留地であったといわれている。

当初はパスタのことを「マカロニー」と呼び、外国から持ち込まれて外国人のみが食べるものであったから、一般の人々にはほとんど知る機会がなかった。

日本でマカロニについて初めて記されたのは、1872（明治5）年の書物である。外国製のマカロニについての記述であるが、それによると「竹筒の形をしたうどん様の食品で、機械で作られており、日本にはその機械がないので、うどんをマカロニーの長さに切って代用した」と書かれている。

竹筒の形をしていので、「管そうめん」あるいは「穴あきうどん」とも呼ばれていたようである。

マカロニが一般の人の目にとまるようになったのは、1895（明治28）年、新橋にあった東洋軒というレストランのコックがイタリアから持ち帰ってからのことである。

一方、それ以前の話として、1874（明治7）年フランスのサーカス団が新潟で興行した際、団員の一人であるイタリア人コックがケガをして、新潟に残らざるを得なくなった。

そのイタリア人は当時の県令の援助で牛鍋屋を開業、のちに西洋料理のレストランに転業し大繁盛した。ここでマカロニ料理が扱われたともいわれるが、はっきりしたことはわかっていない。

明治時代にパスタは、一部の愛好者のためにヨーロッパやアメリカから輸入されていた。

その頃の輸入品取扱商社の商品一覧表には、マカロニー、バーミセリー、パテ・アルファベットなどの名称が記載されており、いろいろなパスタが輸入されていたことをうかがい知ることができる。

② 「マカロニーはイタリアものに限る」

外国人居留地でのマカロニーや輸入商社の一覧表をみても、スパゲッティという名称は出てこない。当時、まだ食べられていなかったのか、マカロニーの名称で一括されていたのかは判明しない。

明治末頃になると、新しもの好きの文士の間ではマカロニが広く知られるようになり、当時書かれた小説のなかに自らマカロニを食べた体験談など、マカロニに関する描写が出てくる。

それによると、マカロニーは赤茄子（トマト）と料理すると味が良い、マカロニーはイタリアものが良いと記されている。当時にしては珍しく、これほどマカロニに関して深い見識をもっていた人がいたとは驚きである。

(2) 日本でのパスタ作り

① 長崎と新潟でのマカロニ製造

初めて国内でパスタが作られたのは１８８３（明治16）年頃、フランス人宣教師マリク・マリ・ド・ロ神父が、長崎県長崎市外海町に煉瓦造・平屋建てのマカロニ工場を建設し、製造したのが最初といわれている。

日本人による国産パスタが作られたのは現在の新潟県加茂市で、大正初期の頃に始まった。加茂市は明治時代から製麺業の盛んな土地柄で、１９０７（明治40）年頃ここで製麺業を営む石附吉治氏の石附製麺所へ、外国の大使館から依頼を受けた横浜の貿易商が訪ねてきた。貿易商はマカロニの現物を持参して、製造を依頼したといわれている。

石附店主は、日本の製麺業の技術を発揮するのはこのときとばかり、日夜、製造機械の工夫やその技術の研究に没頭した。

しかし、残念ながら志半ばにしてこの世を去ってしまった。この意志を継いだ子息の吉郎氏が苦心の末に製造機械を完成させ、マカロニ製造への長年の思いを達成させた。

ようやく、日本国内でもマカロニが作られるようになったが、相変わらず「穴あきうどん」と呼ばれ、外国人の出入りする一部のレストランでの使用に限られていた。

そんな状況でも、石附製麺所を見習って地元新潟をはじめ、全国各地にマカロニ製造業者がつぎつぎに誕生した。

やがて、第二次世界大戦の勃発により日本の食糧事情は悪化して、マカロニ製造は中断せざるを得なくなった。

② パスタ産業の飛躍とパスタ元年

終戦によりようやく平和が戻ってきたが、国内は相変わらずの食糧難である。間もなく、アメリカからの援助物資として小麦粉が日本へ入ってきた。食生活も少しずつ向上し、それに合わせて粉食化への傾向も進んだ。

こうした状況が、国内のパスタ製造業者の復活への足がかりとなり、再びパスタ作りが開始される。

戦後の混乱も落ち着いてきた1954（昭和29）年には、日本国内のパスタの年間生産量は1932tに達した。この数字が国内最初の公式な記録となっている。

翌55（昭和30）年は、日本のパスタ産業界にとって画期的な年となった。マ・マーおよびオーマイのブランドで、パスタを製造する国内のパスタメーカー2社が、イタリアから最新鋭の全自動式パスタ製造機を輸入し、パスタ産業界に参入したのだった。

この1955年のパスタの年間生産量は3770tとなり、この年を契機に日本のパスタ産業は本格的に近代的食品産業へとスタートした。この年は日本の「パスタ元年」ともいえる年である。

その後、パスタ製造機の改良は進み、機械は大型化して、今日では1時間当たり3t以上の能力を出す機械が一般化しつつある。

機械管理もコンピューター制御化し、ほとんど無人で製造できる完全自動化の製造機となっている。そのため、品質は常に一定に保たれるようになった。品質研究も進み、国内のパスタメーカーによってスパゲッティの太さは従来と変わらず、ゆで時間が半分になる早ゆでスパゲッティが開発されたのもその一端である。

このように、日本のパスタ製造技術は、世界に誇れる技術をもつようになった。

第4章

パスタの種類

パスタの種類は、現存しているだけでも500種類以上ある。パスタが誕生した初期の頃は、当然のことながら単純な形状で、数も限られていた。その後長い時間をかけて、食べ方や使い勝手の良さ、あるいは見た目の面白さなど、必要性に応じて工夫が加えられ、数も増えていった。

料理のメニュー数は、1000種類以上あるといわれている。これを組み合わせて毎日違うパスタ料理を食べたとしても、数年間かかる計算になる。

パスタの名称にしても、イタリア料理の世界では地域性が強く、同じパスタであっても地方によって呼び方が違う場合があり、このことがより分類を複雑にしている。

パスタの分類の仕方にはいろいろな方法があるが、形状の違いによって分類するのが一般的で、わかりやすい。

パスタの主流は乾燥パスタであり、生パスタは日本では少なく、乾燥か生かで分類する方法は大きな意味をもたない。一方、イタリアでは生パスタの消費量が多いので、その分類をすることはそれなりの意義がある。その他、調理法の違いでの分類や、配合する副資材の違いでの分類方法もある。

ここでは主として形状の違いを中心に、一部、乾燥か生かの分類によるものについて述べたい。

1　ロングパスタ

ロングパスタは、長さ25㎝前後にカットした棒状のパスタである。ロングパスタはショートパスタに比べて形状が単純で、ストレートな口当たりとなるため、ゆで方や品質の違いによって食感の変化を感じやすい。

ロングパスタの代表格が、円柱状の形状をしたスパゲッティである。多種類の太さ（径）違いのスパゲッティが市場に流通しているが、径が細くなるとスパゲッティとは呼ばず、別の名称となる。

スパゲッティ以外のロングパスタには、断面が長方形、穴あき形などがあり、それぞれ固有の名称が付けられている。

形状の違いによって、同じロングパスタでも調理法が多少異なるのが普通である。スパゲッティの場合、太いタイプのスパゲッティは濃厚なソースで、細いタイプのスパゲッティは軽いソースで調理して食べるのが一般的である。

ロングパスタは主に、次のようなものがある（図表4―1）。

(1) スパゲッティ Spaghetti（伊）

直径1・6～1・9㎜前後、長さ25㎝前後の円柱状のロングパスタ。パスタのなかで、もっともポピュラーなタイプ。イタリア語のスパーゴ（Spago＝ひも）に由来した名称である。JAS（日本農林規格）では「1・2㎜以上の太さの棒状又は2・5㎜未満の太さの管状に成形したものをいう」と規定されている。

市場では1㎜間隔で、太さ違いのものが揃って

(1) スパゲッティ

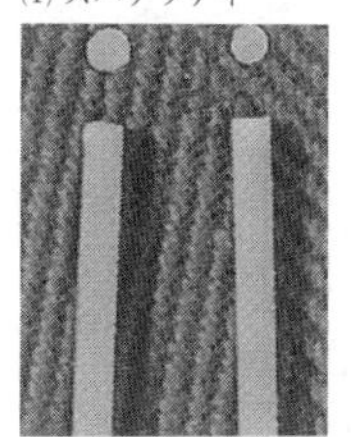

(2) ベルミチェリ
(バーミセリー)

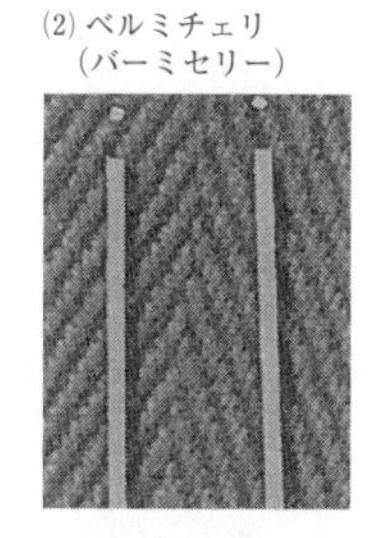

(3) カペッリ・ダンジェロ

(4) ズイーテ
(ロングマカロニ)

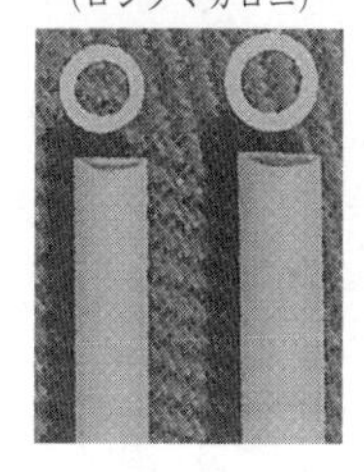

(5) ブカティニー

(6) パッパルデーレ

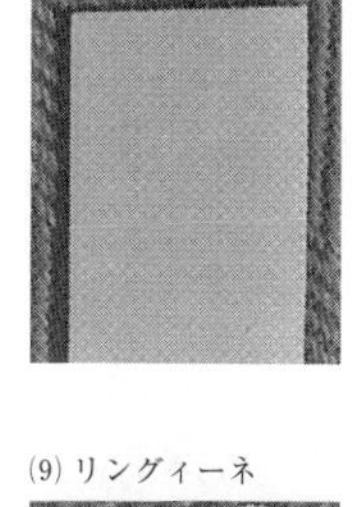

(7) ラザニエッテ・リッチェ

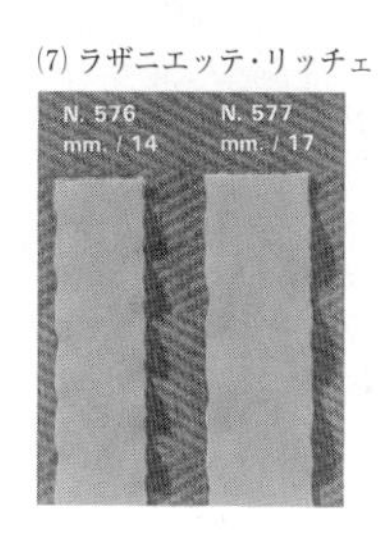

(8) タリアテッレ

(9) リングィーネ

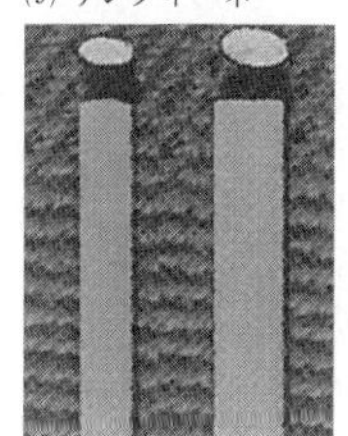

(10) スペルチーニ

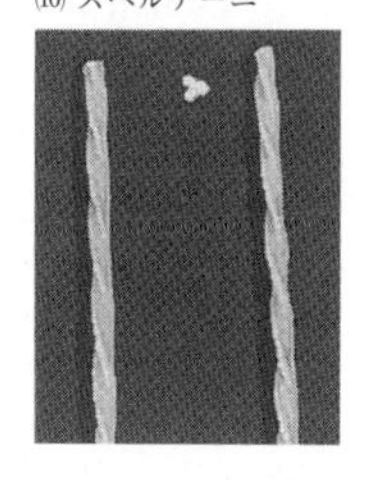

図表4－1　ロングパスタ

いる。主流は1・6～1・7㎜で、比較的細いものが好まれる。これは、あらゆる種類のソースに幅広く相性の良いパスタであるためである。また、オリーブ油とニンニク、赤トウガラシだけの「スパゲッティ・アーリオ・オーリオ・エ・ペペロンチーノ」のようなシンプルな料理でもおいしく食べられる特性ももっている。パスタのなかでは歴史の浅い、比較的新しいパスタである。

直径2・0㎜以上の通常より太いタイプのスパゲッティは、スパゲットーニ（Spaghettoni）といい、1・4～1・6㎜前後の通常より細いタイプのスパゲッティは、スパゲッティーニ（Spaghettini）と呼ぶ。ただし、JASでは、すべてスパゲッティの名称で統一している。

(2) ベルミチェリまたはバーミセリー Vermicelli（伊）

直径1・0～1・2㎜前後の極く細いタイプの円柱状ロングパスタ。スパゲッティの細物版で、イタリア語のベルメ（verme＝細長い虫）に由来した名称である。JASでは「1・2㎜未満の太さの棒状に成形したものをいう」と規定している。汁気の多い軽いソースとの相性が良い。

(3) カペッリ・ダンジェロ Capelli d'angelo（伊）

ベルミチェリと同程度の太さのものをカッペリーニとも呼ぶが、カッペリ・ダンジェロはカッペリーニよりも感覚的にはさらに細くなり、直径1・0㎜前後である。

イタリア語のカペッロ（caperro＝髪の毛）と

エンジェロ(angero= 天使)に由来した名称である。主にスープの具として使われる。鳥の巣状に成形した生パスタもある。

(4) ズイーテまたはロングマカロニ Zite（伊）Long macaroni（英）

直径5～8㎜前後、長さ25㎝前後の管状（穴あき）のロングパスタ。マカロニの長いタイプなので、マッケローニ・ルンギ（Maccheroni lunghi）と呼ぶこともある。

グラタンに調理される場合が多いが、牛肉、野菜と煮込んだ重いトマト系ソースとの相性も良い。

(5) ブカティーニ Bucatini（伊）

ズィーテより細く直径が2～3㎜の管状ロングパスタ。イタリア語のブーカ（buca= 穴）に由来した名称である。

トマト系のアマトリチアーナソースで調理したブカティーニは有名。

(6) パッパルデーレ Pappardelle（伊）

めんの幅が20㎜前後の、もっとも幅の広い平めん状のロングパスタ。イタリア語のパッパーレ（pappare= たらふく食べる）に由来した名称である。

JASでは平めん状のロングパスタを、すべてヌードルの名称で統一している。したがってタリアテッレ、フェットチーネ、タリオリーニなどすべてヌードルの名称となる。棒状に成形のほか、鳥の巣状に成形したものもある。

クリーム系ソースとの相性が良い。

(7) ラザニエッテ・リッチェ Lasagnette ricce（伊）

めんの幅が10～15㎜前後、両側に縮れのある平めん状のロングパスタ。ラザーニャより幅は狭く、タリアテッレより幅広い。ラザーニャに縮れ（ricce＝縮れ）が付いているのでこの名称となった。

クリーム系ソースと調理したり、グラタンに調理したりする。

(8) タリアテッレ Tagliatelle（伊）

めんの幅が5～10㎜前後の平めん状ロングパスタ。イタリア語のタリアーレ（tagliare＝切る）に由来している。

主にイタリアの北部地方で使われている名称で、中・南部地方ではフェットチーネ（Fettucine）の名称が使われている。ともに発生については、ローマ時代のパスタの記述にも出てくるほど古い。

プレーンタイプのほかに各種の野菜や卵を練り込んだもの、鳥の巣状に成形したものがある。クリーム系ソースとの相性が良い。

(9) リングィーネ Linguine（伊）

断面が楕円形のロングパスタ。スパゲッティと平めん状パスタとの中間的形状で、食感もスパゲッティの歯応えと平めん状パスタのツルツル感を合わせもっている。

イタリア語のリンガ（lingua＝舌）に由来した名称である。

幅広く各種ソースと相性が良いが、バジリコを使ったジェノベーゼソースとリングィーネとの組み合わせがポピュラーなメニュー。

⑽ スベルチーニ Sverzini（伊）

断面が三角形で、全体が縄状によじれた棒状ロングパスタ。製造時の押出し圧力差によりよじれるが、機械製造が難しいパスタである。

イタリア語のスベルチィーノ（sverzino=縄）に由来した名称である。

パスタの表面に縄状の溝が生じることから、ソースやドレッシングのからまりが良い。パスタサラダに使用するほか、和風のメニューにも相性が良い。

2 ショートパスタ

日本市場においてはロングパスタに比べて、ショートパスタはまだ消費量が少なく、食べ方においても十分消費者に浸透していない。今後、消費拡大が期待されるパスタである。

ショートパスタは、文字通りロングパスタに対してショート（短く）にカットしたパスタで、種類は非常に多い。

日本市場では、一般にマカロニと称してショートパスタ全般を指すが、穴のあいた円筒状のいわゆるマカロニがショートパスタの代表格である。

ショートパスタは、日常身近に目にする用具や動植物をデザインして形状化したもの、使い勝手の良い機能性を形状化したものなどがある（図表

4—2）。

形状を楽しむパスタでもあるが、ロングパスタよりも複雑な形状をしていることから、口当たりの食感がストレートでなく、ゆで方や品質からくる食感の差が現われにくいところがある。

ショートパスタの大半は、ダイス（鋳型）から押出し成形する製法で作られるが、一部、ダイスからシート状の生地を押出し、その生地シートを打ち抜き機（スタンピングマシン）で成形して作るものもある。

食べ方としては、ロングパスタと同様に各種ソースをかけたり、和えて食べたりするもので幅広い食べ方ができる。

(1) マッケローニまたはマカロニ Maccheroni（伊） Macaroni（英）

円筒状（穴あき）の直径（太さ）3～5㎜、円周部の肉厚1㎜前後のショートパスタ。日本ではもっともポピュラーなパスタである。

ＪＡＳでは「2・5㎜以上の太さの管状又はその他の形状に成形したものをいう」と規定している（図表4—3）。湾曲タイプとストレートタイプがあり、それぞれのタイプに表面が滑らかなものと筋が入ったものとがある。前者が一般的で、ストレートタイプは別名ズィーテ・タリアーテと呼ぶ。

手作りだった時代のマカロニは、パスタ生地をシート状に延ばして、これを細長い棒に巻き付けて成形していたが、この方法は現在でも手作り法として残されている。

(1) マッケローニ（マカロニ）

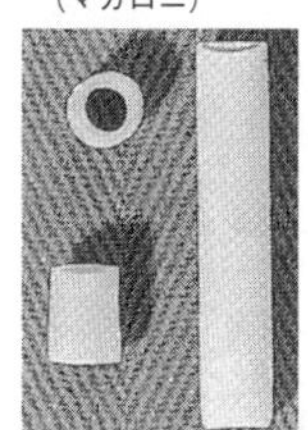

(2) マニケ

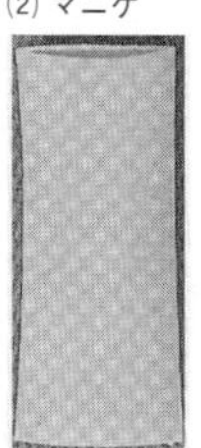

(3) リガトーニ

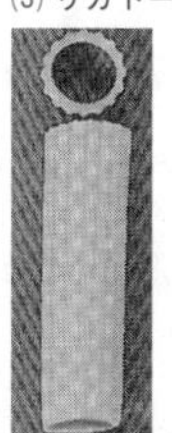

(4) ペンネ

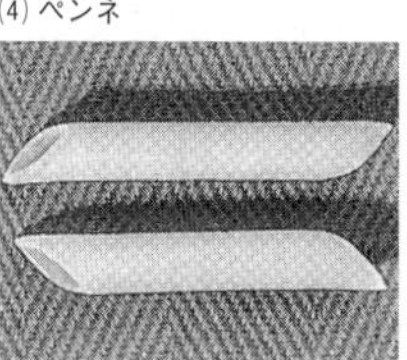

(5) カバタッピ

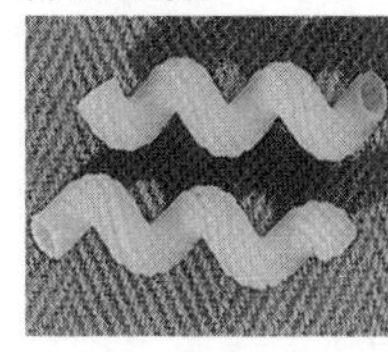

(6) スピラーレ（ツイスト）

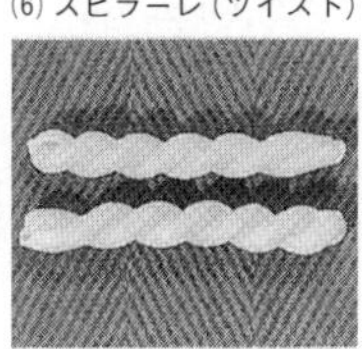

(7) フジッリ（カール）

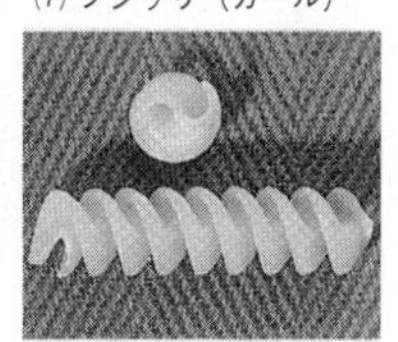

(8) コンキリエ（シェル）

(9) ルオーテ（ホイール）

(10) ルマキーネ

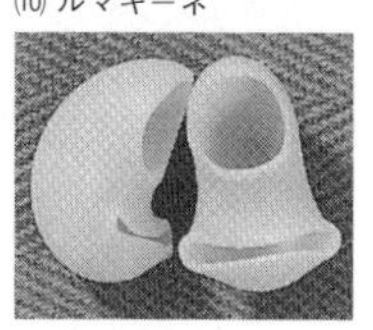

(11) カペレッティ

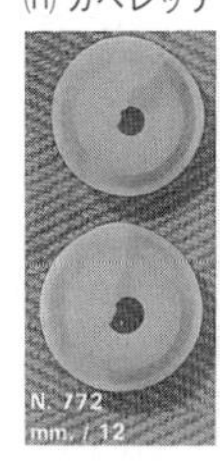

(12) ファルファーレ

(13) フンギーニ

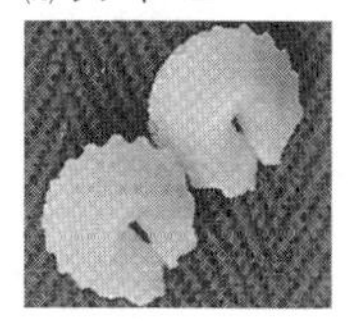

図表4－2　ショートパスタ

マカロニ類品質表示基準

制　定　平成12年12月19日農林水産省告示第1643号
改　正　平成15年5月6日　農林水産省告示第　739号
改　正　平成16年10月7日農林水産省告示第1821号
改　正　平成19年11月6日農林水産省告示第1371号
改　正　平成23年8月31日　消費者庁告示第　　8号
最終改正平成23年9月30日　消費者庁告示第　10号

（表示の方法）

第4条　名称及び原材料名の表示に際しては、製造業者等は、次の各号に規定するところによらなければならない。

名称

加工食品品質表示基準第4条第1項第1号本文の規定にかかわらず、「マカロニ類」と記載すること。ただし、マカロニ類のうち、2.5㎜以上の太さの管状又はその他の形状（棒状又は帯状のものを除く。）に成形したものにあっては「マカロニ」と、1.2㎜以上の太さの棒状又は2.5㎜未満の太さの管状に成形したものにあっては「スパゲッティ」と、1.2㎜未満の太さの棒状に成形したものにあっては「バーミセリー」と、帯状に成形したものにあっては「ヌードル」と記載することができる。

図表4－3　マカロニ類品質表示基準

日本ではサラダやグラタンに調理する場合が多いが、外国ではむしろ各種ソースと調理して食べることが多く、マカロニサラダとしての使用はまれである。

ショートパスタを調理するソースは、やや濃度の濃いものを使用するのが一般的である。

⑵　マニケ　Maniche（伊）

円筒状のなかでもっとも太いパスタ。直径20～30㎜、長さ60～100㎜前後で、長さについてはかならずしも一定ではない。

イタリア語のマニカ（Manica＝袖）に由来した名称である。筒の中に肉や野菜などを調味した具材を詰めて、オーブンで焼いて調理する。

(3) リガトーニ Rigatoni (伊)

直径8～15㎜前後の表面に筋の入った、やや太目の円筒状ショートパスタ。

イタリア語のリーガ（riga= 筋）に由来した名称である。

表面に筋があるためにソースのからまりが良く、各種ソースとの相性が良い。

太目のタイプのものは、マニケと同様に中に詰め物をして調理することがある。

(4) ペンネ Penne (伊)

円筒状のショートパスタの両端を、ペン先のように斜めにカットしたショートパスタ。太さはマカロニ程度のものが一般的である。

イタリア語のペンナ（penna= ペン）に由来した名称である。両端が斜めにカットされているので、ソースが筒の中に入りやすく味がしみ込みやすい。表面に筋が入ったものをペンネ・リガーテと呼ぶ。

赤トウガラシ、ニンニク入りのトマトソースで和えたペンネ・アラビアータは人気メニュー。

(5) カバタッピ Cavatappi (伊)

円筒状パスタを、らせん状にひねって成形したショートパスタ。表面に筋の入ったリガーテタイプが一般的である。

イタリア語のカバタッピ（cavatappi= コルク栓抜き）に由来した名称である。

表面に筋があることから、ドレッシングやマヨネーズなどがからまりやすく、サラダなどに使われることが多い。

(6) スピラーレまたはツイスト

Spirale（伊）、Twist（英）

縄状に撚られた形状のショートパスタ。イタリア語のスピラーレ（spirale＝らせん形）に由来した名称である。

日本の市場では英語名のツイストで親しまれており、ポピュラーなショートパスタの一種。いろいろな野菜を練り込んだものもある。

サラダに調理されることが多いが、海外では、各種ソース類、または野菜、魚介類とオリーブオイルで調理して食べることが多い。

(7) フジッリまたはカール

Fusilli（伊）、Curl（英）

紡錘形で、ひれ＝fin がらせん状によじれた形状のショートパスタ。イタリア語のフーゾ（fuso＝紡錘）に由来した名称である。日本の市場ではカールあるいはクルルの名称で親しまれており、ポピュラーなショートパスタの一種。いろいろな野菜を練り込んだものがある。

食べ方は、ドレッシングやマヨネーズがからまりやすい形状のため、スピラーレ（ツイスト）と同じようにサラダに調理されることが多く、その他の食べ方は、ほかのショートパスタと同様である。

(8) コンキリエまたはシェル

Conchiglie（伊）、Shell（英）

貝の形をしたショートパスタ。表面に筋が入り、大きさは幅10〜20㎜のものが一般的。イタリア語のコンキリア（conchiglia＝貝殻）に由来した名称である。

日本の市場では、シェルあるいはチョチョーレの名称で親しまれている。ツイスト、カールあるいはクルルと同じように ポピュラーなショートパスタの一種で、食べ方もほとんど同じである。

このパスタもいろいろ野菜を練り込んだものがあり、大型のタイプは詰め物をして調理することも多い。

(9) ルオーテまたはホイール Ruote（伊）、Wheel（英）

車輪の形状をしたショートパスタ。イタリア語のルオータ（ruota= 車輪）に由来した名称である。日本の市場では、ホイールの名称で親しまれている。

トマト系やクリーム系ソースとの相性が良く、肉や野菜との調理にも使用する。

(10) ルマキーネ Lumachine（伊）

カタツムリの形状をしたショートパスタ。イタリア語の（lumaca= カタツムリ）に由来した名称である。

食べ方は、ポピュフーなショートパスタと同様である。

(11) カペレッティ Cappelletti（伊）

帽子形をしたショートパスタ。イタリア語のカペレット（cappelletto= 小さい帽子）に由来した名称である。日本の市場では、馴染みのうすいパスタである。

スープの具として使用される場合が多いが、煮込み風調理にも使用する。中に具材を詰めたものと、詰めないものとがある。

(12) ファルファーレ　Farfalle（伊）

蝶（ちょう）の形をしたショートパスタ。イタリア語のファルファーラ（farfalla＝蝶）に由来した名称である。ほかの多くのショートパスタと製法が異なり、ダイスからの押出し成形ではなく、シート状のパスタ生地をスタンピング式機械で打ち抜いて成形する。したがって、パスタの肉厚は押出し製法のものよりも、薄く成形することが可能となる。

大きさはさまざまで、幅10～40㎜前後のものまで各種ある。別名クラバッテともいう。

一般には各種ソースと調理するが、小さいタイプのものは、スープの具として使用する。

(13) フンギーニ　Funghini（伊）

キノコの形をしたショートパスタ。イタリア語のフンゴ（fungo＝キノコ）に由来した名称である。製法はファルファーレと同様に、スタンピング式機械で打抜き成形する、数少ないショートパスタの一つ。

スープの具として調理することが多いが、煮込み風調理にも使用する。

3　スモールパスタ

ショートパスタよりさらに小さい形状で、デザイン化されたかわいらしいパスタが多いのが、スモールパスタの特徴である（図表4－4）。

スモールパスタのなかには、形状が複雑でデザイン性があり手の込んだものが多い。手作りでは

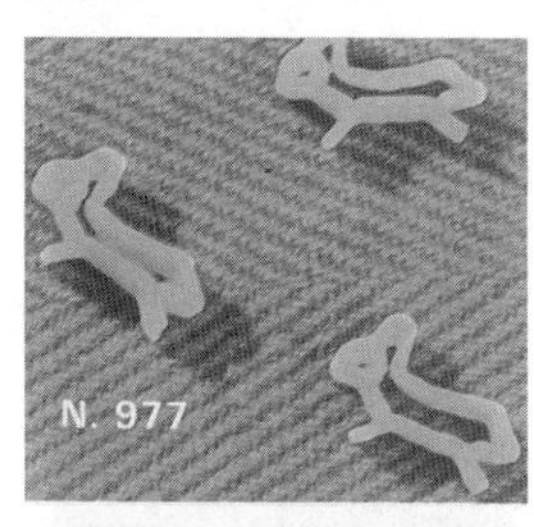

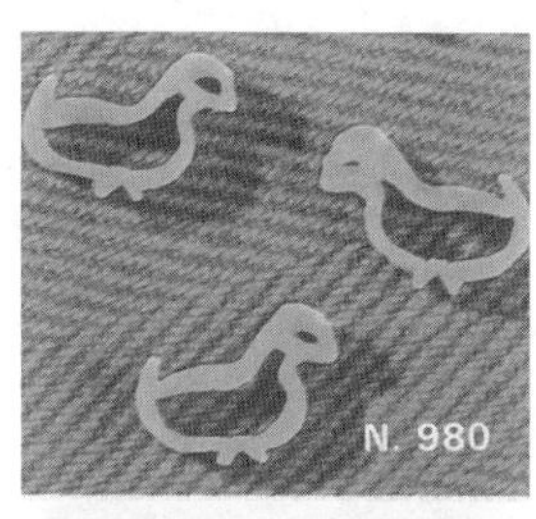

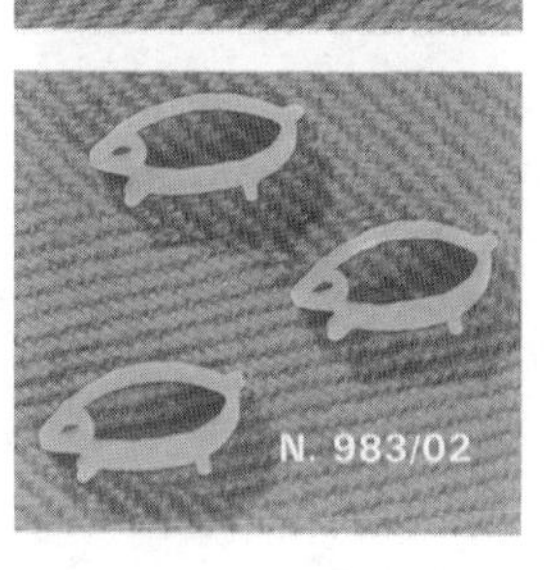

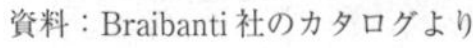
資料：Braibanti 社のカタログより

図表４－４　中空型のスモールパスタ

難しく、パスタの製造が機械化されてから誕生したものが多い（図表４―５）。

(1) ロゼリーネ　Roselline（伊）

花形（伊、rosa＝バラの花）をしたスモールパスタ。製法はダイスから押出して、薄く偏平状にカットして成形する。

スープの具として調理することが多く、ソースで調理することは少ない。

類似の形状のものに、アネリ・リガーティ（伊、Anelli　rigati＝筋のある指輪）がある。

(2) リゾーニ　Risoni（伊）

米の形（伊、riso＝米）をしたスモールパスタ。

類似の形状のものに、セミーニ（伊、Semini＝種子）があり、リゾーニより細長く尖った形状をし

(1) ロゼリーネ

(2) リゾーニ

(3) アネレッティ

(4) アンジェリ

(5) アルファベーティ

(6) エレファンティ

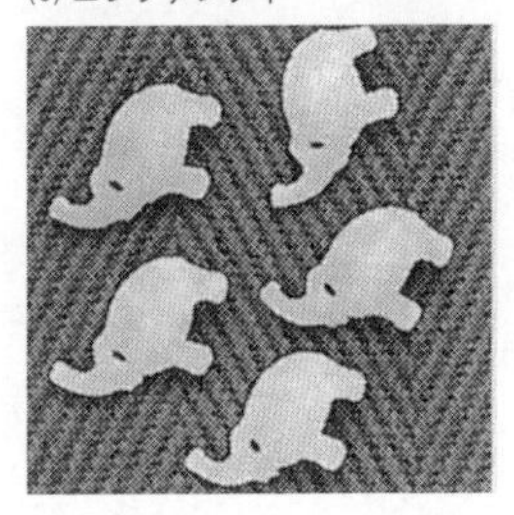

(7) ファルファリーネ

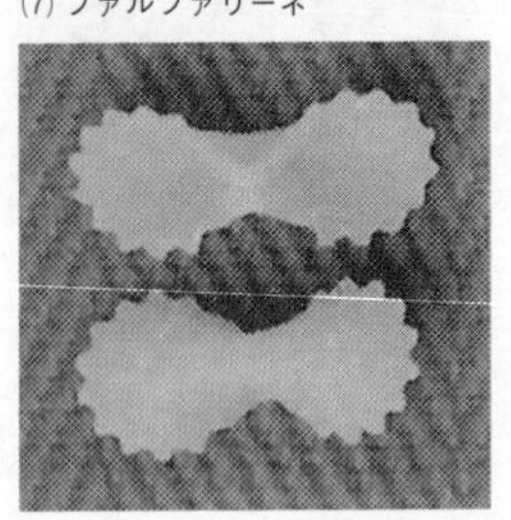

図表4－5　スモールパスタ

ている。スープ用。

(3) アネレッティ　Anelletti（伊）

指輪の形（伊、anello= 指輪）をしたスモールパスタ。類似の形状のものに、オッキアリーニ(伊、Occhiallini= 眼鏡）がある。スープ用。

(4) アンジェリ　Angeli（伊）

天使の形（伊、angelo= 天使）をしたスモールパスタ。

子どもが楽しめるかわいらしいパスタで、同じようなものとして星形のステッレ(伊、Stelle= 星)などがある。スープ用。

(5) アルファベーティ　Alfabeti（伊）

アルファベットの文字の形（伊、alfabeto= アルファベット文字）をしたスモールパスタ。類似の形状のものに、数字の形をしたヌーメロ（伊、Numero= 数字）がある。スープ用。

(6) エレファンティ　Elefanti（伊）

象の形（伊、elefante= 象）をしたスモールパスタ。その他に動物の形として、ヒヨコの形のプルチーニ（Pulcini)、魚の形のペッシェ（Pesce）など数種類ある。

以上のスモールパスタは、いずれもダイスの穴から形全体を押出して、偏平状にカットして成形するものである。

近年、成形用ダイスの製作技術が進歩したことで、その形の周辺部の縁取りの枠だけで形を作ることが可能となった。このダイスでは、中心部が空洞のスモールパスタが製造できる。これにより、ゆで時間が短くなる利点はあるが、ゆでた後、形が崩れやすい欠点が残る。このパスタには、各種の動物やロボットをデザイン化したものがある。スープの具として調理する。

⑺ ファルファリーネ Farfalline（伊）

ショートパスタのファルファーレを小形化した蝶形のスモールパスタ。製法は、シート状のパスタ生地をスタンピング式機械で打ち抜いて成形する。同様に、小形化したフンギーニがある。どちらもスープ用。

4 生パスタおよび特殊形状パスタ

特殊形状パスタは本来手作りであったものが、その後少しずつ機械製造化され、現在では手作りの生パスタと機械製造での乾燥と生パスタが併存している。

特殊形状パスタの場合、製造機械は基本となるパスタ製造機のほかに、そのパスタ専用の付属機械を設置する。

もともと生パスタとして食べた方がおいしいパスタを、量産や保存性の目的から機械製造品や乾燥品で併用されるようになった。

生パスタは乾燥パスタと異なり、ソフトで粘りのある口当たりの良い食感をもっている。卵やいろいろな野菜を練り込んだものが多いのも、生パスタの特徴である（図表4―6）。

手作りでは、色の異なる2～3種類の野菜のパスタシートを作り、これを重ね合わせて カラフルな生パスタを作ることもできる。

⑴ ラザーニャ Lasagne（伊）

葉書大の長方形パスタ。幅60～80㎜、長さ120～150㎜前後の大きさが標準的。もともと手作りでは、焼き皿の大きさに合わせて形を整え、成形していた。しかし、現在では機械製造の乾燥ラザーニャが多くなっている。

ラザーニャの起源は古く、パスタ発祥期のローマ時代から存在したといわれている。卵、野菜を練り込んだものもある。

ボロニェーゼソースとベシャメルソースおよびラザーニャを、交互に重ね合わせてオーブンで焼いた、エミリア風ラザーニャは有名な料理。

⑵ カネッローニ Cannelloni（伊）

直径20～40㎜、長さ100㎜前後の太い円筒状パスタ。

イタリア語のカネッロ（cannello=管）に由来した名称である。本来は手作りで、長方形の生のパスタ生地を用いて、肉、チーズ、野菜で調味した具材を巻き込むものである。

現在では機械製造による乾燥品もあるが、この場合には筒の中に同様の具材を後から詰めて、オーブンで焼いて調理する。

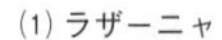

(1) ラザーニャ

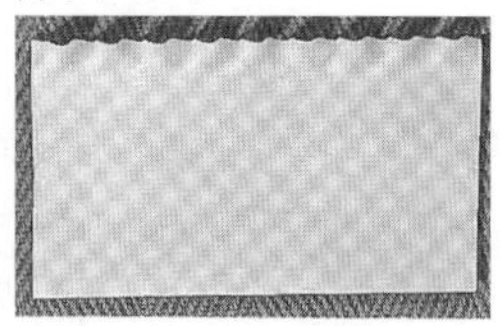

(2) カネッローニ

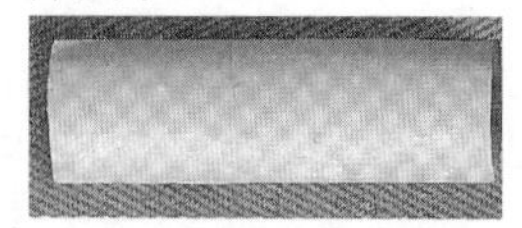

(3) 生タリアテッレ

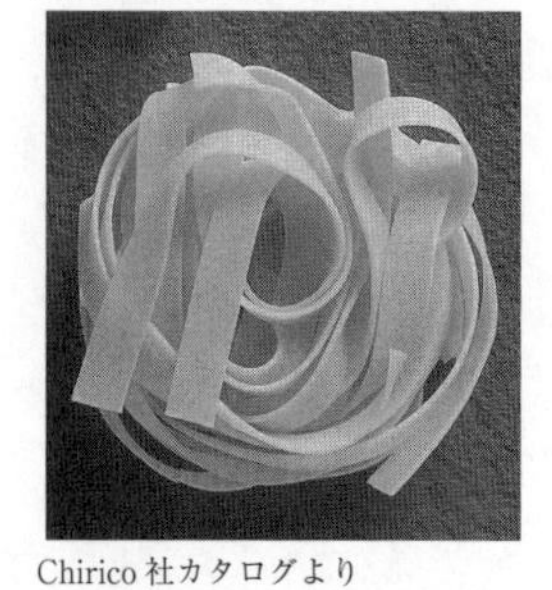

Chirico 社カタログより

(4) ラビオリ

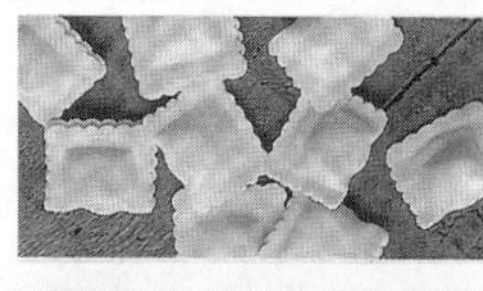

(5) オレキエッティ

Chirico 社カタログより

(6) ニョッキ

Geografico De Agostini SPA.

図表４－６　生パスタおよび特殊形状パスタ

(3) 生タリアテッレ　Tagliatelle fresca（伊）

ロングパスタの項で記述したタリアテッレなどの棒状の乾燥パスタに対して、鳥の巣状に丸めて成形した生パスタ。

現在では、同様の形状の乾燥パスタも存在する。コンパクトな形に丸められているため、小さな鍋でゆでることができて、しかも、分量の目安にもなるので使い勝手が良い。

タリアテッレのような平めん状のパスタは、生パスタの方が生特有の粘りのあるソフトな食感が生かされて、乾燥品よりもおいしく食べられる。

とくに、クリーム系ソースと生タリアテッレの組み合わせは、たいへん相性が良い。

(4) ラビオリ　Ravioli（伊）

正方形で、大きさ30㎜前後の詰め物入りパスタ。肉、チーズ、野菜などを調味した具材を、生のパスタ生地で包み込んだパスタである。

このパスタは形状、名称などがイタリアの地方により異なり、中に詰める具材もその地方の特産品を材料として用いることが多く、地方色の濃いパスタである。

機械製造による乾燥品も存在するが、乾燥することによる具の味の劣化はどうしても避けられない。

クリーム系やトマト系ソースと和えるか、スープの具として調理する。また、ソースで和えたものをオーブンで焼いて調理することもある。

その他に詰め物パスタ（主として生パスタ）と

しては、以下のようなものがある。

① アニョロッティ　Agnolotti（伊）

ラビオリより大きく、50㎜角前後の詰め物入りパスタ。特定の地方の呼び方が、一般的な名称として使われるようになったといわれている。

② トルテッリ　Tortelli（伊）

半円形の詰め物入りパスタ。イタリア語のトルタ（torta= パイ、タルト）に由来。同名のパイ包み菓子に形状が類似していることから付けられた。

③ トルテッリーニ　Tortellini（伊）

トルテッリの小型のものという意味で、本来なら半円形をしているべきだが、なぜか円形で帽子の形をしている。

④ カペレッティ　Cappelletti（伊）

ショートパスタの項で記述したカペレッティと形状は同じで、帽子形の詰め物入りパスタ。トルテッリーニと類似。

⑤ アノッリーニ　Anolini（伊）

円形の詰め物入りパスタ。イタリア語のアネッロ（anello= 指輪）に由来した名称で、スモールパスタの項にも類似の名称のパスタはある。

指輪から連想される形はリング状であるが、円盤状になっている。リング状にして具材を詰めることは難しいことから、円盤状に代わったと考えられる。

(5) オレキエッティ Orecchietti（伊）

耳たぶの形をした生パスタ。イタリア語のオレッキア（orecchia＝耳）に由来した名称である。生のパスタ生地を薄く延ばして丸く形をとり、親指の腹で押しつけて、くぼみをつけるように成形する。南イタリア地方のパスタで、ブロッコリーとガーリックオイル和えが代表的調理法として知られている。

残り物の中途半端なパスタ生地を利用して作ったのが始まりといわれている。スープの具として調理する。

(6) ニョッキ Gnocchi（伊）

親指大の棒状に丸めた生地に、フォークの背を押しつけ数本の溝をつけた、団子様の手作り生パスタ。ショートパスタの元祖的なもので、単純な形状のパスタである。

イタリア語のニョッコ（gnocco＝木のコブ）に由来した名称である。中世の中頃に誕生したパスタで、この単純な団子様パスタから、徐々に多様なパスタへと発展してきたといわれている。

初期の頃はパンと牛乳、卵などで作られていたが、現在ではポテトと小麦粉で作る。歴史が古いだけに地方色が強く、ホウレン草のピューレを練り込んだフィレンツェ風ニョッキ、小麦粉のみのローマ風ニョッキなど地方を代表するニョッキが存在する。

チーズやソースで和えて、あるいはそれをオーブンで焼いて調理する。

(7) ポレンタ Polenta（伊）

トウモロコシ粉に水またはスープを加えて軽く

練り、加熱しながら煮上げた料理。成形されて形　する。の整ったパスタとはイメージが異なるが、パスタそのものが練り粉を意味することからパスタの一種といえる。

パスタの起源とされるプルテスあるいはプルスは、穀粉を粥状にした料理であるが、ポレンタはこれをほぼ原形に近い状態で、今日まで受け継いでいる。

ポレンタの材料は、古くはヒエ、大麦、小麦などが使われていたが、時代とともに変わってきて、今日ではトウモロコシ粉が使われている。

ポレンタもイタリアでの地方色が強く、土地により調理法が異なる。

煮上がったものをそのまま熱いうちに、肉料理などの付け合わせにする。あるいは、円形に広げてソースやチーズを乗せてオーブンで焼いて調理

第5章 パスタの原料および商品特性

1 主原料 デュラム小麦

(1) デュラム小麦の概要

① デュラム小麦の起源

パスタの原料については、日本農林規格（ＪＡＳ）により次のように規定されている。

「一、デュラム小麦のセモリナ又は普通小麦粉に水を加え、これに卵、野菜を加え又は加えないでねり合わせ、マカロニ類成形機から高圧で押出した後、切断し、及び熟成乾燥したもの」。

このように、パスタの主原料は小麦粉であるが、なかでもパスタにもっとも適性のある小麦は、デュラム小麦（学名 Triticum Durum）である。別名、マカロニ小麦と呼ばれるほど専用的に使われている。

強力小麦のファリナや普通小麦粉は、現在ではほとんど使われておらず、大半のパスタはデュラム小麦のセモリナ１００％で製造されている。

業務用用途など特別な品質を求められるパスタについては、いくぶん強力小麦粉を配合して、加工に適した品質に仕上げることもある。

デュラム小麦という名称は、ラテン語の「硬い」を意味するデュール（dur）に由来するもので、これはデュラム小麦が非常に硬いために名付けられたものである。

デュラム小麦は、植物学上の分類からは2粒系小麦といわれるもので、パンやうどんに使用する小麦とは別種のものであり、いわば普通小麦の祖先にあたるものである（図表5―1）。

したがって、その歴史は2000年以上もさかのぼることになり、発祥の地は中近東地域とされている。現在でもこの地域を含め、北アフリカなど発祥地とその周辺で多くを生産している。

デュラム小麦は乾燥した気温の高いところでの栽培に適しているが、その後の品種改良の結果、今では世界各地で栽培されている。

②デュラム小麦の生産国

デュラム小麦の主な生産国は、カナダ、イタリア、トルコ、アメリカ、ギリシャ、アルジェリア、フランスなどである（図表5―2）。

輸出国としては、カナダがもっとも数量が多く、次いでEU諸国となっている（図表5―3）。

図表5－1　主な栽培小麦の種類

分類	染色体	学名	英名	日本名	主用途
1粒系	14	Triticum monococcum L.	Einkorn	1粒小麦	飼料
2粒系	28	Triticum dicoccum Schubel.	Emmer	エンマー小麦	飼料
		Triticum durum Desf.	Durum	デュラム小麦	マカロニ
		Triticum turgidum L.	Poulard（米）Rivet（英）	イギリス小麦	菓子
		Triticum percicum Vav. (Triticum carthlicum Nev.)	Percian	ペルシャ小麦	菓子・焼物
		Triticum Polonicum L.	Polish	ポーランド小麦	焼物
普通系(3粒以上)	42	Triticum spelta L.	Spelt	スペルト小麦	焼物・飼料
		Triticum aestivum L. (Triticum vulgare Host.)	Common	普通小麦（パン小麦）	パン・めん
		Triticum compactum Host.	Club	クラブ小麦	菓子
		Triticum sphaerococcum Perc.	Shot	（密穂小麦）印度矮性小麦	焼物

資料：（一財）製粉振興会「小麦粉の話」

図表5－2　世界のデュラム小麦生産量

（単位：百万 t）

国	2014/15年	2015/16年	2016/17年（予測）	2017/18年（予測）
EU-28	7.6	8.5	9.4	9.0
フランス	1.5	1.8	1.6	2.1
ギリシャ	0.8	1.0	1.0	0.9
イタリア	3.9	4.2	5.0	4.2
スペイン	0.8	0.9	1.0	1.1
カザフスタン	2.0	2.1	2.1	2.0
カナダ	5.2	5.4	7.8	4.2
メキシコ	2.0	2.0	2.3	2.1
アメリカ	1.5	2.3	2.8	1.4
アルゼンチン	0.2	0.3	0.2	0.2
シリア	0.8	1.4	1.0	0.9
トルコ	3.3	4.1	3.6	4.0
インド	1.3	1.2	0.9	1.1
アルジェリア	1.3	2.2	1.7	2.0
リビア	0.1	0.1	0.1	0.1
モロッコ	1.4	2.4	0.9	2.0
チュニジア	1.2	0.8	0.8	1.2
オーストラリア	0.5	0.5	0.6	0.5
その他	5.9	5.7	5.7	5.8
世界計	34.3	38.8	39.8	36.3

資料：「製粉振興」No.591（2017.11）　(IGT)

世界のデュラム小麦の生産量はおよそ3500万t前後であるが、全小麦の生産量が7億tであるのに比べれば、数量は少ない（図表5―4）。

パスタ生産量が世界一のイタリアでは、400万t前後のデュラム小麦を生産しており、生産地は中部から南部地方にかけて集中的に分布している（図表5―5）。

アメリカにおいては、北部の内陸地方での生産量が多く、イタリアも同様であるが、どちらも雨の少ない比較的乾燥地帯であるという共通性がある。

日本では、デュラム小麦は全量輸入に依存しており、アメリカとカナダから輸入している。

デュラム小麦の用途はパスタに使用する以外には、北アフリカ地方での主食であるクスクスや、中近東地方での伝統的なパン作りなどに使用されているに過ぎない。

(2) デュラム小麦およびデュラム・セモリナの品質

① デュラム小麦の粒子

デュラム小麦は普通小麦よりも粒が大きく、中の胚乳部は半透明状のガラス質となっている。また、粒子は非常に硬いために、無理に粉砕をして細かな粒子の粉にすると、でん粉やグルテンなどの組織破壊を起こすことになる。これを避けるために、粗挽きの小麦粉にするのが一般的である。

このデュラム小麦の粗挽き小麦粉をデュラム・セモリナ（Durum Semolina）、あるいは単にセモリナと呼んでいる。

デュラム・セモリナの粒子の大きさは各国共通のものではなく、国内の製粉メーカーでもそれぞ

図表5－3　世界のデュラム小麦貿易量

（単位：千 t）

	国	2014/15年	2015/16年	2016/17年（推定）	2017/18年（予測）
輸入	EU-28	2,828	2,482	1,983	1,900
	グアテマラ	68	61	55	60
	アメリカ	908	392	400	750
	ペルー	158	106	160	190
	ベネズエラ	407	339	275	300
	トルコ	659	431	575	450
	日　本	205	198	250	200
	アルジェリア	1,748	1,701	1,900	1,800
	モロッコ	633	805	850	750
	チュニジア	534	787	875	750
	コートジボアール	80	107	80	90
	ナイジェリア	130	72	116	120
	その他／不詳	931	1,241	1,292	1,166
世界計		9,291	8,721	8,811	8,526
（うち、セモリナ）		390	400	400	420
輸出	オーストラリア	102	176	282	200
	カナダ	5,680	4,354	4,601	4,440
	EU-28	1,207	1,365	1,383	1,440
	（うち、セモリナ）	191	240	240	200
	カザフスタン	133	160	288	300
	メキシコ	1,039	1,484	1,033	1,150
	トルコ	101	98	72	100
	アメリカ	773	616	589	450

資料:「製粉振興」No.591（2017.11）　　（IGT）

図表5－4　世界の小麦生産量

（単位：百万 t）

地区・国名			2014/15年	2015/16年	2016/17年（予測）	2017/18年（予想）
ヨーロッパ	EU-28	ブルガリア	5.3	5.0	5.6	5.9
		チェコ	5.3	5.2	5.5	4.8
		デンマーク	5.2	5.0	4.2	4.5
		フランス	39.0	42.4	29.3	39.9
		ドイツ	27.8	26.3	24.6	24.5
		ハンガリー	5.2	5.3	5.6	5.0
		ギリシャ	1.2	1.1	1.4	1.4
		イタリア	6.9	7.3	8.0	7.2
		ポーランド	11.6	10.9	11.0	11.3
		ルーマニア	7.6	7.9	8.4	8.2
		スロバキア	2.0	2.1	2.4	1.8
		スペイン	6.5	6.3	7.9	5.2
		スウェーデン	3.1	3.3	2.8	3.1
		イギリス	16.6	16.3	14.4	13.9
		その他	13.1	15.2	13.7	13.5
		計	156.1	159.6	144.5	150.2
	セルビア		2.4	2.6	3.0	2.5
	その他		1.7	1.8	1.8	1.7
	計		160.3	164.0	149.3	154.4
CIS	カザフスタン		13.0	13.7	15.0	13.8
	ロシア		59.1	61.0	72.5	82.0
	ウクライナ		24.7	27.3	26.8	26.0
	その他		15.8	15.7	16.2	15.8
	計		112.6	117.8	130.5	137.6
北・中アメリカ	カナダ		29.4	27.6	31.7	27.0
	メキシコ		3.7	3.8	3.9	3.6
	アメリカ		55.1	56.1	62.9	46.7
	その他		T	T	T	T
	計		88.2	87.5	98.5	77.3

南アメリカ	アルゼンチン		13.9	11.3	17.6	16.5
	ブラジル		6.0	5.5	6.7	5.2
	チリ		1.5	1.7	1.4	1.4
	ウルグアイ		1.1	1.2	0.8	0.6
	その他		1.5	1.5	1.6	1.2
	計		23.9	21.3	28.0	24.9
近東アジア	イラン		13.0	13.8	14.5	14.5
	イラク		3.5	3.3	3.6	3.4
	サウジアラビア		0.7	0.8	–	–
	シリア		2.0	2.4	1.5	1.5
	トルコ		19.0	22.6	20.6	21.8
	その他		0.5	0.5	0.5	0.5
	計		38.7	43.9	40.7	41.7
極東アジア	太平洋アジア	中国	126.2	130.2	128.9	130.2
		その他	1.5	1.7	1.9	1.6
		計	127.7	131.9	130.8	131.8
	南アジア	アフガニスタン	5.2	5.3	5.1	5.1
		インド	95.9	86.5	86.0	98.4
		パキスタン	26.0	25.5	25.5	25.7
		その他	3.2	3.2	3.0	3.1
		計	130.2	120.5	119.6	132.3
	計		258.0	252.4	250.3	264.1
アフリカ	北アフリカ	アルジェリア	1.9	2.7	2.1	2.5
		エジプト	8.5	8.5	8.6	8.6
		リビア	0.1	0.2	0.2	0.2
		モロッコ	5.1	8.1	2.7	6.5
		チュニジア	1.5	0.9	1.0	1.3
		計	17.2	20.3	14.5	19.1
	サハラ以南	エチオピア	4.2	3.5	3.9	3.9
		南アフリカ	1.8	1.4	1.9	1.6
		その他	1.3	1.2	1.2	1.2
		計	7.3	6.1	7.0	6.7
	計		24.4	26.4	21.5	25.8
オセアニア	オーストラリア		23.7	22.3	35.0	21.5
	計		24.0	22.6	35.3	21.8
世界計			730.1	735.8	754.1	747.6

資料:「製粉振興」No.591（2017.11）　（IGT）

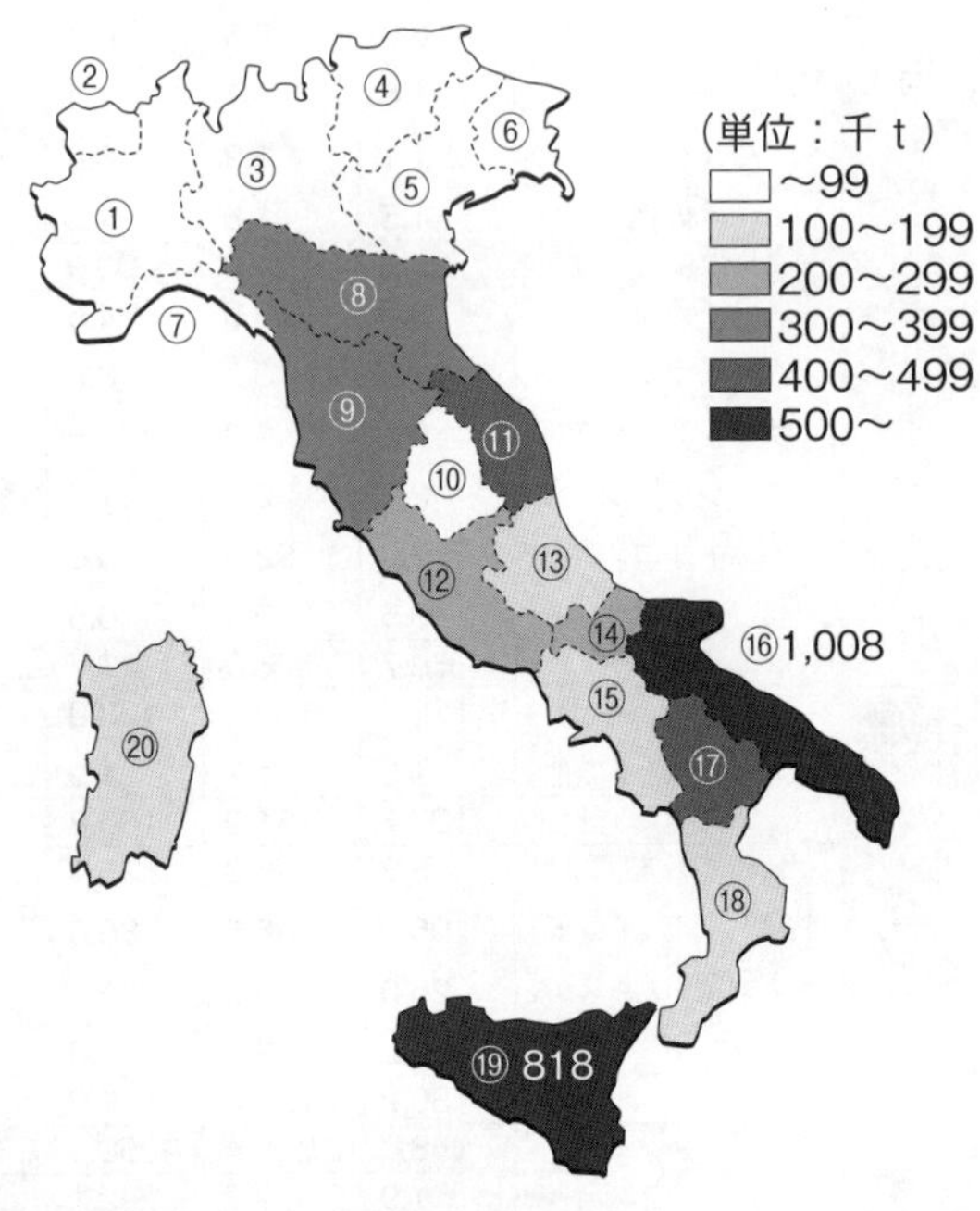

①	Piemonte	⑪	Marche
②	Valle d' Aosta	⑫	Lazio
③	Lombardia	⑬	Abruzzo
④	Trentino-Alto Adige	⑭	Molise
⑤	Veneto	⑮	Campania
⑥	Friul-Venezia Giulia	⑯	Puglia
⑦	Liguria	⑰	Basilicata
⑧	Emilia Romagna	⑱	Calabria
⑨	Toscana	⑲	Sicilia
⑩	Umbria	⑳	Sardegna

資料：イタリア農林省（1986年）、マ・マーマカロニ㈱作図

図表5－5　イタリアのデュラム小麦州別生産量

れ異なる場合が多い。一概にはいえないが、一般的にその粒子は0・15～0・5㎜程度の大きさである。

日本では粒子の大きさについての規制はないが、デュラム・セモリナの粒子の大きさはパスタの品質に影響を与えるものであり、一様に均一的な規格を定めることには難があるとも思われる。

②デュラム小麦のたん白質量

デュラム小麦のたん白質の量は、普通小麦のパン用硬質小麦とほぼ同量か、やや多い程度である。これも産地や麦の種類によって含量は異なってくる。

アメリカやカナダ産のデュラム小麦は、イタリア産のものよりもたん白質量が多い。

通常のデュラム・セモリナに製粉した場合、アメリカ、カナダ産は12～13%、イタリア産は10～11%程度のたん白質量である(図表5―6)。

③デュラム小麦の灰分量

デュラム小麦の灰分の量は普通小麦よりも多く、しかも製粉方法がほかの小麦粉と異なるため、デュラム・セモリナに製粉したときの灰分量は0・6～0・8%と一般の小麦粉よりも高くなる。

④デュラム小麦のグルテン

デュラム小麦のグルテンは結合力が強く、でん粉を包み込む適度な伸展性がある。かつ、弱い力でも変形をする可塑性をもっているのが特徴である。

したがって、水を加えて練り上げるときの生地の形成が容易で、高圧でダイスから押出し、パスタに成形するのも容易となる。

結合力があり、しかも伸展性のあるグルテンは、パスタ生地のなかにグルテンの網目を一様に分布させることができる。これがパスタの品質を強靭なものにしている。

パスタをゆでたときに、この一様にいきわたったグルテンが熱変性を起こし、パスタ全体をひきしめ、プリンプリンとした粘弾力を引き出すことになる。

⑤デュラム小麦の色素

デュラム小麦は色素の含量が多いのも特徴である。胚乳部に含まれる黄色のカロテノイド系色素は普通小麦の約2倍あり、ほかの小麦に比べて濃い黄色をしている。

これがパスタに特有の冴えた黄色味を与えることになる。アメリカ、カナダ産のデュラム小麦を「アンバーデュラム」(amber durum＝コハク色のデュラムの意)と呼ぶ理由でもある。

⑥デュラム小麦の糖分

また、デュラム小麦はでん粉分解酵素を多く含むため、デュラム・セモリナの生地中には普通小麦で作る生地よりも糖分が多い。そのため、パスタはよく噛んで味わうと甘みを感じるということになる((3)パスタの食味参照)。

2 パスタの副原料

パスタはデュラム・セモリナだけを原料としたシンプルなものが大半だが、商品の用途によっては特性を出すために、各種副原料を使用する場合

図表5－6 イタリア小麦粉類規格

		水分（%）（最高値）	無水物換算値		
			灰分（%）（最高値）	繊維（%）（最高値）	ドライグルテン（%）（最高値）
小麦粉	タイプ00	15.5	0.50	－	7
	タイプ0	15.5	0.65	0.20	9
	タイプ1	15.5	0.80	0.30	10
	タイプ2	15.5	0.95	0.50	10
	全粒粉	15.5	1.40 ～ 1.60 最小　最高	1.10	10

		水分（%）（最高値）	無水物換算値				
			灰分（%）		繊維（%）		たん白質（%）（NX5.7）（最低）
			最低	最高	最低	最高	
デュラム加工品	Semola*	15.5	0.70	0.90	1.20	0.45	10.50
	Semolato	15.5	0.90	1.20	－	0.85	11.50
	デュラム粉（パン用）	15.5	1.35	1.60	－	1.00	11.50

資料：「製粉振興」No.24（1986.12）
注　：Semolaは目の間隔0.187㎜（約75メッシュ）の篩を通過するもの10%以下。

がある。

使用する副原料については、目的によりいろいろなものが考えられるが、昔から使われているものや、最近の嗜好や加工適性に合わせて新しく使われ始めたものなどさまざまである。

副原料の選定に当たっては、目的をよく理解し選択しなればならない。パスタ原料のなかに配合した場合、品質にダメージを与えるものや、乾燥工程中に変色や異味を発生するもの、あるいは賞味期限内に品質の変化や味の変化が起こるものなどは避けなければならない。

主に使われる副原料については、次のようなものがある。

(1) 風味や色調に変化を与えるもの

・卵（生卵、乾燥卵、冷凍卵）

・野菜（ホウレン草、トマトなどの生ペーストあるいは冷凍品、乾燥野菜）
・果物（各種果物の粉砕品、ジュース）
・イカ墨
・ハーブ
・カカオ
・穀類

(2) 食感を強化するもの、あるいはソフト感を与えるもの

・卵（風味強化と同様に生、乾燥、冷凍卵を使用し卵白、卵黄、全卵と使い分ける）
・動物性、植物性のたん白質系素材
・増粘剤
・食感ソフト化のもの
・各種でん粉類
・各種油脂類

(3) 機能性、健康志向の性格を与えるもの

・ファイバーなど各種の健康補助剤
・ビタミン類などの栄養補助剤
・全粒小麦粉など各種の穀分

生パスタの副原料としては、卵と野菜が中心であり、卵の場合には生卵を使用し、野菜の場合にはブランチングした後ペースト状にして、小麦粉と一緒に生地として練り上げてパスタを作る。

その生パスタをすぐにゆで上げて食べるのが、副原料の風味を損なわずおいしく食べる方法である。

食感を強化したり、あるいはソフト感を与えることについては、最近の傾向としてパスタを惣菜

化加工したり、冷凍にしたり、その他いろいろな目的の二次加工に適応させるための工夫から考えだされてきたものである。

3 パスタの商品特性

(1) デュラム・セモリナの食感

① でん粉食と粘りを好む文化

日本にはうどんをはじめとする伝統的なめん類が存在し、しっかりとした「めん文化」が構築されている。また、米が主食であることから、これらのでん粉質系食品に対する日本人の味覚には鋭いものがある。

日本において初期のパスタは、パンなどに使用する強力小麦粉を主原料としていた。これは、パスタ専用のデュラム・セモリナを使った本来のパスタからみると弱い食感で、かならずしも良好な品質のものではなかった。うどんの食感に類似するものであった。

しかし、粘りはあるが食感の弱いこのパスタが、なぜ受け入れられたのか。そこには、長い伝統をもつ日本人のめん文化があったからこそと思われる。

「でん粉食と粘り」は日本人には絶妙な感覚として心地よく受け止められており、この感覚がソフトで粘りのあるパスタを受け入れたものと考えられる。

デュラム・セモリナではなく、強力小麦粉を使用せざるを得なかった理由は、デュラム小麦の輸入に大きな制限があったためである。

いわば、強力小麦粉を使わざるを得ない環境下にあった。日本人独特のでん粉食に対する味覚がなかったなら、この時点でパスタの商品価値はなくなり、今日のパスタ産業の隆盛はなかったとも考えられる。

やがて、海外文化の流入や自らの海外旅行の体験などボーダーレス化が進み、新しい食文化や味覚に少しずつ慣れ親しむようになった。

その後、デュラム小麦の輸入条件の緩和があったり、本格的な品質のパスタを求める消費者が増えたりしたことから、それに応えるべく日本のパスタ業界は、デュラム小麦のセモリナを使用するようになった。

現在では、ほとんどのパスタの原料はデュラム・セモリナ100％であり、その品質はうどんや乾めんとは異なり、区別された感覚としてのパスタ独自の食の世界が形成されている。

② 国産パスタの商品構成

パスタの商品構成には日本的特徴がみられ、主流の乾燥パスタをはじめ、冷凍パスタなど各種の加工パスタで商品が構成されている。

冷凍パスタは、欧米の市場にもみられるが、大半が調理済みパスタを冷凍したものである。

初期の冷凍パスタは業務用市場からのスタートで、当時はプレーンのパスタのみの冷凍品であったが、近年、家庭用冷凍パスタの需要は拡大傾向で、家庭用の場合には、多くがソース付きのタイプである。

また、まだ成熟していない分野として生パスタの市場がある。生パスタはそれなりにおいしさのある商品であるが、流通上の問題もあって、消費はあまり多くない。今後、期待したいパスタの商品分野である。

(2) パスタの機能性、利便性

① 長期保管が可能

乾燥パスタは長期保存が可能である。製品水分値は13%以下であり、水分活性が低く、微生物の活動は抑えられるので変質の心配はない。

また、パスタの賞味期限は3年間で、製造直後のものよりもある程度の時間を経過したものの方が、品質的には好ましいものになる。小麦粉製品全般にいえることであるが、時間の経過とともに熟成作用が働き、パスタの弾力や歯切れなどの食感の向上と、ゆでたときのでん粉の溶出量が減少する傾向にある。

このように乾燥パスタの保存期間が長い、時間の経過とともに品質が向上するという機能性は、パスタの利用においてあらゆる場面で効果をもたらしている。

そのため、流通においては、店頭での陳列期間、倉庫での保管期間など、商品サイクルについての制約が少なく扱いやすい商品である。

家庭での保管についても同様のことがいえる。

② 加工がしやすい

パスタはほかのめん類に比べて品質がしっかりしている点で、パスタの加工における機能性はかなり高いものがある。

ゆでた後の品質が強靭でゆで伸びしにくい、でん粉の溶け出しが少ないなどの利点は、その後の調理加工や冷凍加工を容易にして、工業規模での大量加工が可能であるという高い機能性をもっている。

昨今、惣菜産業への関心が高まっているが、多くの食品類が素材のままではなく、調理加工された形で店頭販売されている。パスタも同様、惣菜などに調理加工された商品での販売が多い。

コンビニエンスストアやスーパーマーケットなどにおいて、パスタの調理弁当が人気商品の一つとなっている。パスタを弁当に調理加工すること、加工後に品質を落とさず店頭陳列できることを可能にしたのは、パスタがこうした機能性と利便性をもっているからである。

(3) パスタの食味

① パスタはよく噛んで味わう

パスタは、乾めんなどのほかのめん類とは異なった品質を要求されている点で、別のジャンルに区分されるめん類であることは既述したが、当然、調理方法も大きく異なっている。

パスタはうどんのように、たれや汁で食べることはない。新しい試みとしてそのメニューも考えられたが、汁気の多いものと一緒に食べるには、パスタの食感は硬すぎて合わない。スープ用としてのパスタはあるが、それは径が細いもの、肉の薄いもの、小型のものなど形状が限定されている。

パスタの調理法の多くはソースで和えるか、ソースをかけて食べるものであり、パスタにマッチしたソースの濃度や具材の硬さがなければならない。

このことは、うどんは「ツルツルと喉越しのよさを味わう」めんであり、パスタは「よく噛んで味わう」めんであるという表現が的確に示している。

パスタ独特の食感は、製法と原料に由来する。パスタの原料であるデュラム小麦のグルテンは結合力が強いため、生地を形成しやすく粘弾力にも富んでいる。グルテンの網目がでん粉粒の表面や間隙に柔らかく一様にいきわたり、これがゆでたときにたん白質の変性を起こして凝固し、プリンプリンとした粘弾力を生みだすことになる。

後述するが、製法上でも高圧で押出す、生地から空気を抜くなど、パスタの組織を強靭なものにするいくつかの工程を経て作られる。

また、パスタはよく噛んで味わうと甘みを感じる。これはデュラム小麦にはでん粉分解酵素が多く、生地のなかに糖分が多く存在するからである。ほかの小麦では味わえないうまみである。

② 調理に多くの食材が使われる

パスタの調理は、単純なものから手の込んだものまで多彩である。

たとえば、スパゲッティ料理の「アーリオ・オーリオ・エ・ペペロンチーノ」のように、赤トウガラシとニンニクとオリーブオイルだけで調理してもおいしく食べられるものから、手の込んだトマトソース系やクリームソース系など1000種以上のメニューがある。

手を加えることの多い調理には、各種食材を使うことになり、パスタ以外の多くの周辺食材をともなうことになる。これがパスタ料理の発展とともに、周辺食材の発展にもつながり、パスタ関連食品の相乗的な広がりに寄与している。

調理に多くの食材を使うということは、栄養バランスの上で非常に好ましい結果にもなり、味的にも好ましいものになる。

このパスタ料理のもつ栄養バランスの良さは、生活習慣病の予防にたいへん効果的なものとなり、しかも、栄養成分の一つである炭水化物そのものが、血糖値の上昇作用に効果的に役立つ作用をもっている。その作用については後述したい（第8章2 パスタ・カーボローディング参照）。

パスタをおいしく食べるシーンを作るにしても、栄養的なプラス効果があるということは、心理的にもパスタの食味をよりいっそう向上させる効果があるといえる。

第6章

パスタの製造法

1 パスタ製造機の種類

工業規模によるパスタの製造機械は、ロングパスタ製造機とショートパスタ製造機、そして、一部の特殊パスタ製造機に大別される。

製造機の基本的な原理はいずれも同じであるが、パスタの形状が異なるために、それに付帯した機械設備の一部の構造が変わることになる。

したがって、工業規模によるパスタ製造機は次の通りである。

(1) ロングパスタ製造機

スパゲッティ、バーミセリー、ロングマカロニ（ズィーテ）、タリアテッレなどを製造する機械。ダイスから押し出されてきた柔らかいロングパスタを、長いまま竿掛けして乾燥させる製造装置である。

(2) ショートパスタ製造機

マカロニ、ペンネ、ツイスト（スピラーレ）、シェル（コンキリエ）やスモールパスタなどを製造する機械。ダイスで成形されたパスタを短く切って、ベルトドライヤーあるいはドラムドライヤーで乾燥させる製造装置である。

(3) 特殊パスタ製造機

ラビオリなどの詰め物入りパスタ、ファル

ファーレなどの打抜き製造パスタ、鳥の巣状のネスト形パスタなど、特殊な形状のパスタを製造する機械。各パスタによって付帯する設備は異なる。

2　パスタの製造工程

パスタの製造工程は図表6―1に示す通りである。最近の超高温乾燥ラインでは、ロングパスタ、ショートパスタともにファイナルドライヤーと製品サイロの間に、製品の冷却装置（クーリングセクション）が設けられている（図表6―2）。

原料供給から製品になるまで、完全な自動連続式製造装置で、条件を設定すればコンピューターの制御により、製品は自動的に製造されるシステムである。

したがって、製造工程に携わる係員の作業は、監視業務が主体となる。

(1) 原料配合・原料供給工程

〔工程〕

デュラム・セモリナなどの原料は、タンクローリー車で工場に搬入され、種類ごと、銘柄ごとにそれぞれの原料サイロに収納する。

その後、原料サイロから引き出し正確に計量された原料を、2種以上の原料を配合する場合には計量後、配合機にて配合された原料を、ニューマチック装置により各製造機のミキサーに搬送する。

〔工程管理〕

・原料の受け入れ検査

デュラム・セモリナの色調、スペック、粒度の検査（ペッカーテストおよび粒度測定）、異物

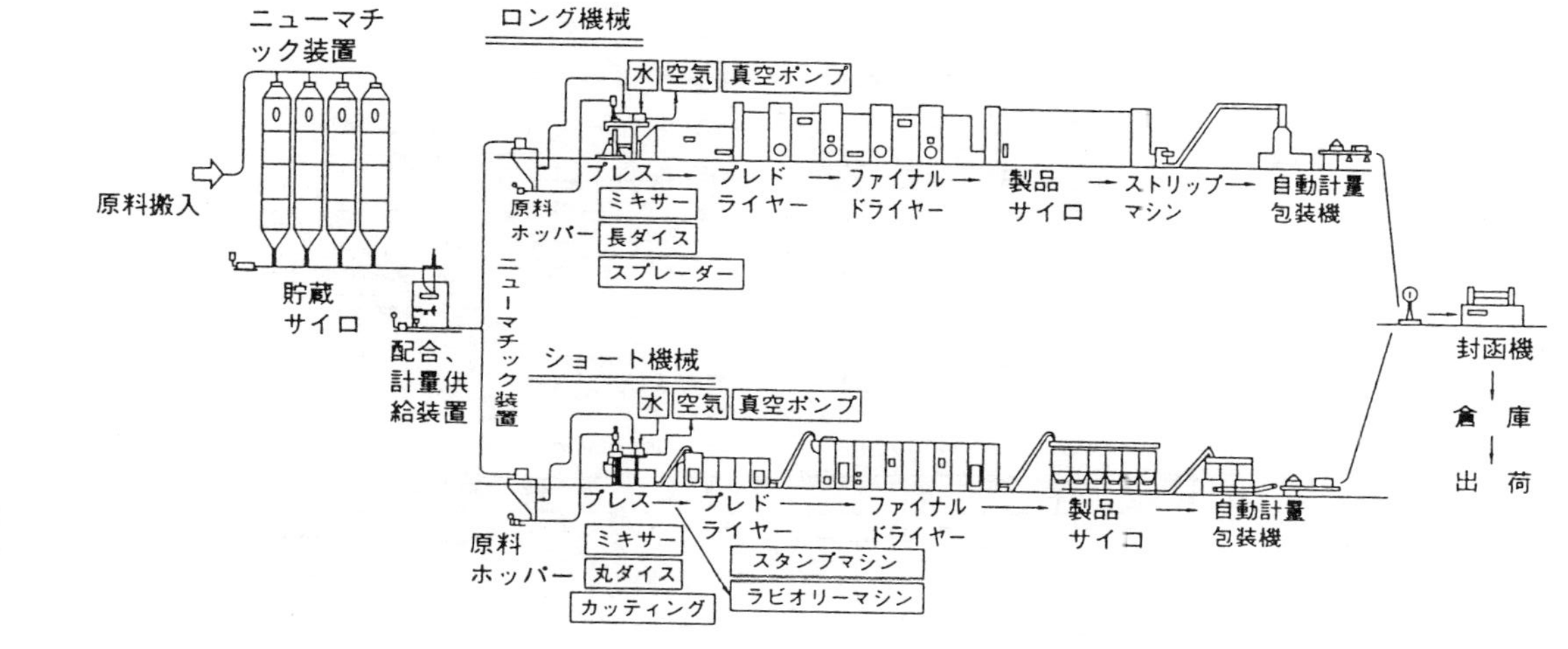

図表6−1 パスタ製造工程

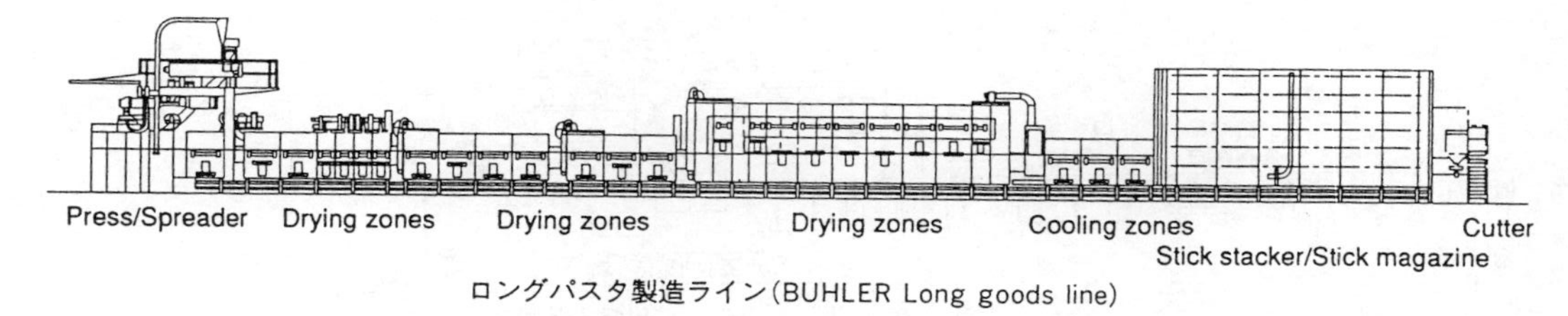

図表６－２　パスタ製造ライン

混入の検査、一般成分分析（水分、灰分、たん質、phなど）
・装置類の検査
・計量機、配合機の設定値、精度の確認
・搬送用各バルブの確認
・異物除去装置のフィルター、マグネット類の確認
・計器類の確認
・各装置および周辺部の清掃、衛生点検

(2) 成形工程

この工程は、まず、原料のデュラム・セモリナに水を加えて練りながら、生地（ドウ）を形成（ミキシング）する。生地の中の空気を除いた後、シリンダーに送り込み、圧縮しながら生地を鋳型（ダイス）より押出し成形（プレス）する工程である。

この成形工程は、以下①〜③が集合した工程であって、パスタ製造機としては各々の装置が一体化されたユニットとなっている。

この部分の機械装置をプレス機と呼んでいる（写真6―1）。したがって、別名プレス工程と呼ぶこともある。

① 混練（ミキシング）工程

〔工程〕

原料サイロから、計量されて送られてきたデュラム・セモリナと水を一定比率で、連続的に混練させ、生地を形成する工程である。

この工程では、小麦粉中のグルテンの網目構造をより緻密なものにして、グルテンの可塑性を十分に引き出すことが必要である。

デュラム・セモリナのグルテンは、こうしたこ

資料：BUHLER 社

写真６－１　ショートパスタプレス機

とに十分に対応できる性質をもっている。

加水量はデュラム・セモリナに対して25～30％、加える水の温度は水道水よりやや高めの30～40℃が目安である。

デュラム・セモリナの粒度の大小や、周辺の環境温度によってもミキシングの条件は変わってくるので、水の量および温度については、適切に対処する必要がある。

混練の状態を安定させることが基本であり、これが安定しないと押出し圧力に変化が生じて、成形が不揃いになったり、調理後の品質が安定しなかったりすることになる。

〔工程管理〕

・供給する粉および水の量のチェック、関連装置の確認
・生地の状態の確認（ミキサー内での生地の塊の

具合、色調、臭いなどの点検、水分測定）
・計器類の確認
・各装置類の清掃、衛生点検

② 脱気工程

〔工程〕

ミキシングが終わって形成された生地を真空ミキサーに送り、撹拌しながら粒子間に混在する空気を強制的に取り除く工程である。

脱気することによって、パスタの組織は緻密となり、黄色味の強い光沢と透明感のあるパスタが生まれる。結果として、パスタの調理的特性の一つである粘弾性に好影響をおよぼす一因となる。

〔工程管理〕

・真空ミキサー内での生地の状態の目視点検
・計器類（真空度計など）の確認
・真空ミキサー内の清掃、衛生点検

③ 押出成形工程

〔工程〕

脱気が終了した生地を圧縮シリンダーに送り、スクリューによって圧送しながら、シリンダーの先端に装着した各種の鋳型（ダイス）を通して、パスタを成形する工程である（図表6―3、写真6―2）。

したがって、鋳型の数は製造するパスタの種類の数だけ揃える必要がある。

押出し圧力は80kg／cm²以上を必要とするが、一般には100kg／cm²前後の圧力で押出す場合が多い。

高圧のため圧縮熱や摩擦熱が発生する。生地を過度に加熱することは、デュラム・セモリナ

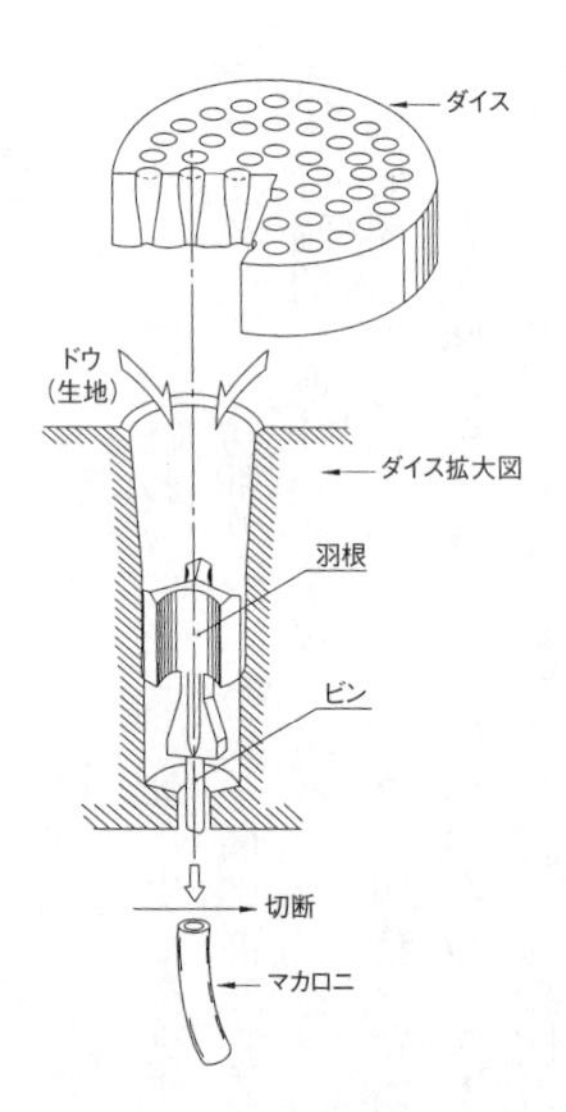

図表6－3　ダイスの構造と生地の流れ

ロングパスタ用ダイス（上段）生地の入口面
（下段）パスタの出口面

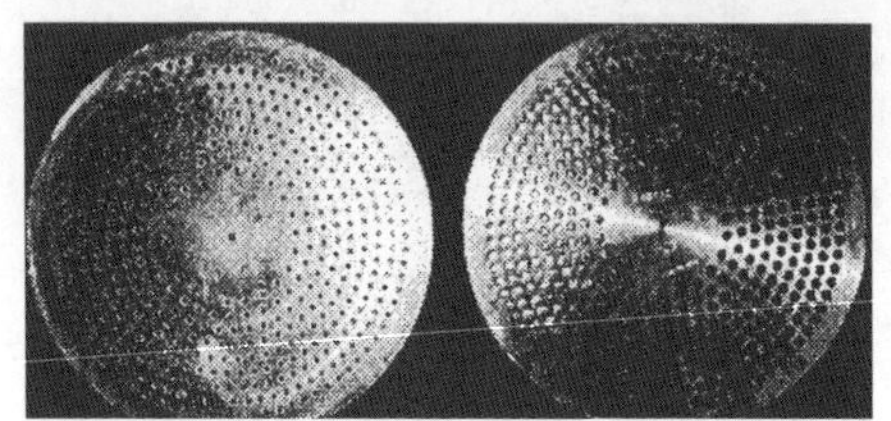

ショートパスタ用ダイス（右）生地の入口面
（左）パスタの出口面

資料：光琳「図説日本の食品工業」

写真6－2　パスタ用ダイス

の成分変質の原因となるが、逆に、生地の温度が低いと押出し成形できなくなる。したがって、シリンダー周辺を適温にコントロールする必要がある。

この高圧による成形は、生地の脱気効果とともにパスタの組織を緻密にして、品質の向上にプラス効果となって現われる。そして、品質への影響が大きいことから、この工程はパスタ製造の心臓部ともいえる。

鋳型（ダイス）はパスタの成形を均一に保つために、常に一定の状態に維持管理しておく必要がある。

鋳型は長期間使用し続けると少しずつ摩耗するため、製品が肉厚となる。そのため、ゆで時間が長くなったり、乾燥に支障を来したりするようなことが起こる。

〔工程管理〕

・ダイス下製品の色調、異物混入、切り口の目視点検
・製品の長さ、形状の測定
・計器類（圧力計、温度計など）の確認
・ナイフの確認
・各装置および周辺部の清掃、衛生点検
・鋳型の清掃および形状測定

(3) 乾燥工程

〔工程〕

パスタが押出成形された直後の水分含量は、30％前後である。最終製品の水分含量は11～12％となる。この水分含量まで、長期保存を目的として乾燥させる工程である。

パスタを乾燥させる工程は、保存性の向上以外

に、パスタの品質や外観上の色調にも影響を与える重要な工程である。

パスタは脱気された生地を高圧下で押出成形するため、組織が緻密となり、ほかのめん類に比べると乾燥が難しいめん類である。

緻密であるということは、乾燥工程中において、パスタの表層水分の蒸発速度に比べて、内層水分の表層への拡散が遅くなる傾向にある。

そのため、乾燥中に表層と内層との水分に濃度差を生じやすく、ヒビ割れなどの現象を引き起こす原因となる。

それを防止するためには、水分の濃度差をゆっくりと解消させること、あるいは、極力濃度差を発生させせないように、乾燥は低い温度で時間をかけることが必要となってくる。かつては、30〜40時間かけて乾燥するのが一般的であった。

技術の進歩により、乾燥機内の温湿度を精密にコントロールすることを可能にしたため、高温下でもパスタの水分の濃度差を小さく抑えて、乾燥できるようになった。結果として、高温度による乾燥時間の短縮化が実現した。

乾燥温度の高温化は、パスタの品質にも変化をもたらすことになったが、高温で乾燥することが一般化しつつあるのも現状である。

パスタの乾燥工程は、初期乾燥と本乾燥の2段階の加温工程を経た後、貯蔵安定化工程を経て製品となる（写真6―3、図表6―4）。

① 初期乾燥（プレドライング）

パスタの表層水分を、短時間で急激に乾燥させせる工程である。これによってパスタの表面はある程度硬くなり、成形直後で含有水分の多い軟質な

資料：BUHLER 社

写真6－3　ショートパスタ乾燥機

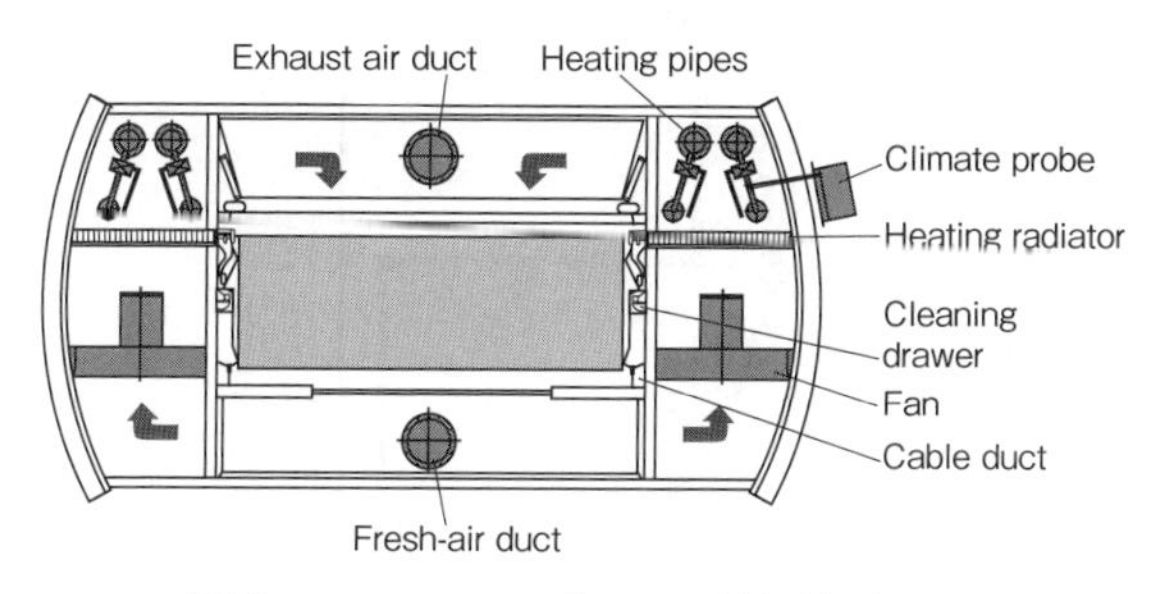

図表6－4　ロングパスタ乾燥機断面図

パスタが変形するのを防止し、パスタ同士のくっつきを防ぐことになる。すなわち、スパゲッティではスティックにかかったものが数十本ずつ板状に付着するのを防ぎ、マカロニでは数個のものが塊状に付着するのを防止する。

成形直後のパスタは30％前後の高水分含量であることから、活発な表層蒸発と内部拡散が行われる。表面を硬化させるためには、やや表層蒸発を先行させながら乾燥を進ませることになる（図表6－5）。

この時期は含有水分が多く、組織に柔軟性があるために乾燥ストレスは溜まりにくい。

この工程においては、含有水分量が18～19％前後に下がるまで乾燥させる。

Turbothermatik long-good drying diagram with the drying temperature levels of the individual drying zones.

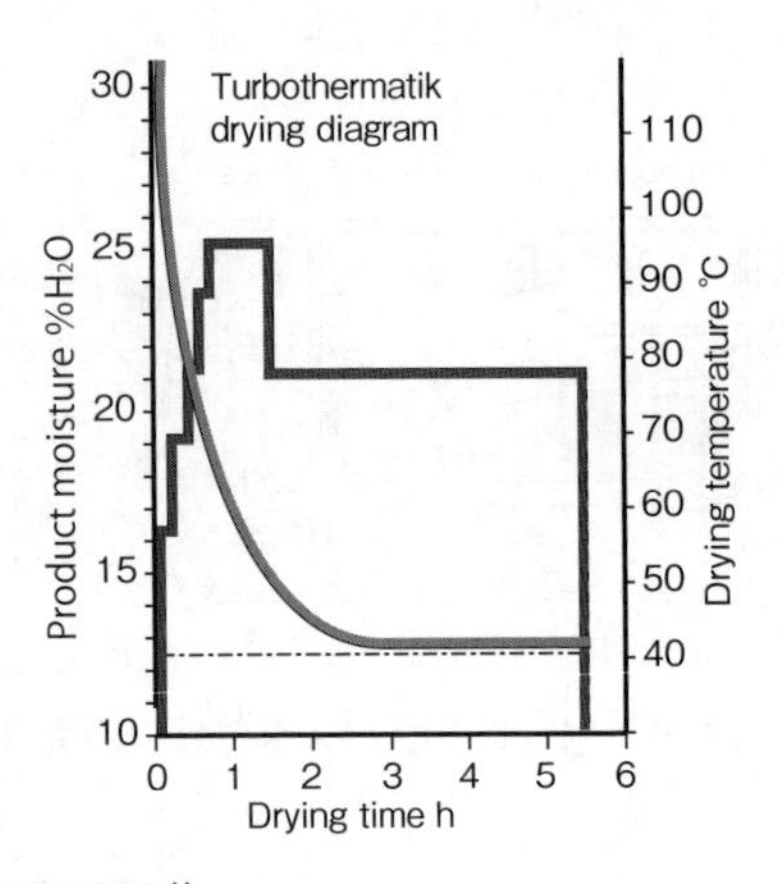

資料：BUHLER社

図表6－5　ロングパスタ乾燥曲線

② 本乾燥（ファイナルドライング）

パスタ組織内での水分の均一化をはかり、最終水分値である13％以下まで乾燥させる工程である。

初期乾燥の段階でパスタの表面は硬化するので、本乾燥では水分の蒸発速度や蒸発率が減少してくる。この時期は表層水分の蒸発と内層水分の拡散の進行がアンバランスになりやすいので、乾燥操作に注意して、両者のバランスをうまく保たせることが必要となってくる。

そのための乾燥操作としては、表層水分を蒸発させる時期（表層蒸発）と、表層蒸発を抑えて内層水分の拡散をうながす時期（内部拡散）との両者を交互に繰り返し操作することで、バランスをとるようにする。

このように、蒸発と拡散のバランスをとりながら、水分分布の均一化をはかって乾燥させることが、パスタ乾燥のポイントである。

乾燥工程は、水分を飛ばすという乾燥そのものの目的のほかに、後段の部分では熟成乾燥という目的も込められている。

しかし、最近の乾燥温度の高温化への移行は、乾燥時間を短縮することが目的でもあり、その意味では熟成乾燥の作用効果がどの程度発揮されているのか、難しいところである。

乾燥温度、湿度、時間、乾燥度（最終水分値）などの条件の違いが、パスタの品質や外観上の色調に影響を与えることになる。

乾燥時間は乾燥温度との相対的関係にあり、温度に対応した乾燥時間となる。

乾燥温度50～60℃で30時間前後、60～75℃で15時間前後、75～90℃で6時間前後の乾燥時間が標準的な関係である。

ショートパスタの場合には、これよりいくぶん短い乾燥時間となる。

最新の超高温乾燥機（80℃以上）には、本乾燥工程の後に製品の冷却工程があり、この部分は加温部分と隔絶していて、独自のコントロールをする機構となっている。これは、高温にさらされたパスタを、室温近くまで冷却して安定化させる工程である。

〔工程管理〕

・各乾燥段階での製品水分および形状、色調、クラック（ひび割れ）などの点検
・各乾燥段階の温度、湿度の点検、設定温湿度の確認
・温湿度調整関連機器の作動確認（バルブ、ダンバーなど）
・計器類の確認
・装置および周辺部の清掃、衛生点検（乾燥機の場合ストップ時）

(4) 貯蔵安定化およびカッティング工程

〔工程〕

乾燥を終了したパスタは、パスタ内部の水分分布をさらに均一化するように加温せずに静置させ、最終的には水分の動きが停止するように貯蔵槽（サイロ）に入れる。

スパゲッティなどのロングパスタは、スティックに掛けたまま多段式のサイロに収容し、マカロニなどのショートパスタは、いくつかに区分された箱形サイロに収容する。

貯蔵の工程ではパスタの安定化と、時間調整のための製品をプールする役割も果たしている。

ストックされたロングパスタは、サイロの出口に設置されたカッティング装置（ストリッピングマシン）でスティックからはずされ、約25cmの長さに二等分されて包装工程に運ばれる。

〔工程管理〕

・製品の色調、くっつき、クラック（ひび割れ）などの目視点検
・異物混合の目視点検
・包装すべき製品区分けの確認
・カッティング用刃の状況確認
・装置および周辺部の清掃、衛生点検

(5) 包装工程

〔工程〕

市場のニーズに応じたパスタの包装は、品目が多いために各種包装機の設置が必要となり、それに応じた搬送経路などを含めると設備は複雑化する。

同一形状のパスタであっても、詰め口の変わった数種の製品を揃えたり、包装形態を変えたりなど、パスタ商品の品目は、パスタの種類×詰め口または包装形態ということになるので、結果として相当なアイテム数となる。

詰め口の一般的な例としては、主に業務用向け大口の16kg、4kg、1kgから、家庭用向けの1kg、700g、600g、500g、300g、200g、150gなどがある。

計量→包装→箱詰めの工程は、一貫した自動連続式の装置で行われている。

家庭用向けの包装資材は、ポリプロピレン系のラミネートフィルムが中心で、防湿性、防水性、ある程度の機械的強度を有している。

包装形態は、背面中央部と左右両端をシールしたピロー包装や、スタンディングパウチ、チャック付きパウチ、カートン包装などがある。

〔工程管理〕

・包装前製品の良否の目視点検
・包装資材の良否の確認
・製品重量の確認
・シール状況、日付の刻印状況の確認
・包装材と内容物との一致状況の確認
・計量機の精度の確認
・包装機のシール温度、シール強度その他各部の確認
・機械および周辺部の清掃、衛生点検

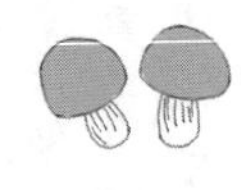

第７章 パスタの品質と表示

１ パスタの品質

パスタはよく噛んで味わうめんであり、パスタの品質は、それに応えるだけのプリンプリンとした弾力をもった食感と、うまみがなければならない。

パスタ専用のデュラム・セモリナを原料として、適正な条件で製造されたパスタは、こうした品質条件を満たす。

パスタの基本的な品質については、マカロニ類の日本農林規格（ＪＡＳ）により定められている。この規格は、用語の定義、規格、測定法など、各種パスタに共通した基本的な事項を網羅している。

パスタの品質については、第三条（規格）で規定されている（図表７―１）。

(1) ＪＡＳで定められた原料

主原料については、デュラム小麦のセモリナのほかに、デュラム小麦の普通小麦粉を使用し、それ以外の小麦粉は使用してはならないと規定されている。

デュラム小麦の普通小麦粉とは、一般のパン用小麦粉のように粒子の細かい小麦粉のことである。

通常市販されているパスタは、デュラム・セモリナ１００％のものが大半である。

副原料については、卵、野菜（トマトおよびホ

第3条　マカロニ類の規格は、次のとおりとする。

区　分	基　準
一般状態	1 色沢及び形状が良好であること。 2 組織が堅固であり、折つた断面がガラス状の光沢を有するものであること。
食味	調理後の香味が良好で、異味異臭がないこと。
見かけの比重	1.40 以上であること。
粗たん白質	11%以上であること。ただし、卵を加えたものにあつては、12%以上であること。
灰分	0.9%以下であること。(卵又は野菜を加えたものを除く。)
水素イオン濃度	5.5 以上であること。
原材料	次に掲げるもの以外のものを使用していないこと。 1 デユラム小麦のセモリナ及びデユラム小麦の普通小麦粉 2 卵 3 野菜 トマト及びほうれんそう
添加物	使用していないこと。
内容重量	表示重量に適合していること。

2 原料に使用する小麦粉は、漂白していないこと。
3 マカロニ類成形機からの押出し圧力は、7,840kPa 以上であること。

図表7－1　マカロニ類の規格（JAS）

ウレン草）の使用が認められている。

風味の向上や食感の向上の目的で卵を使用する場合は、生卵、冷凍卵、乾燥卵のいずれかを選択して使用することになる。また、全卵、卵黄、卵白と用途に応じて成分を使い分けることもある。

野菜については、生野菜をブランチング後ペーストにしたもの、あるいはそれを冷凍にしたものか、または乾燥粉末を使用する。

(2) パスタの総合的品質基準

パスタの総合的な品質を判断するに当たって、JASでは品質項目ごとに内容を規定している。

外観上の性状、食味、比重、一般成分（粗たん白質、灰分、水素イオン濃度）などの指標は、どの食品にもいえることであるが、原料と製法に深く起因するものである。

パスタの場合には、原料のデュラム・セモリナの性質と、製造工程における生地の脱気、高圧押出し、乾燥の各工程が、主にその品質に大きな影響をおよぼす因子となる。

① 使用原料

ＪＡＳにも規定されているように、デュラム・セモリナを１００％使用したものが望ましい品質である。

デュラム・セモリナは、パスタの基本的な品質である粘弾性と、歯切れの良い食感を出すためには欠かせない原料である。

デュラム・セモリナの特性を発揮させるためには、製造工程も重要な作用をすることになる。

条件の整ったミキシング工程によって、デュラム・セモリナのグルテンの網目構造を十分に引き出し、次の生地の脱気、高圧押出しによる製法と原料が相まって、粘弾性のある食感を作り出すことになる。

また、パスタは調埋に対しての耐性があり、ゆでているとき表面からのでん粉質の溶け出しが少なく、ゆで後の処理においてもダメージを受けにくい。この点もパスタの品質特性の一つである。

たん白質は、一般には含有量が多いほど、パスタの品質特性をよく発揮させる傾向にある。ただし、たん白質の質の違いもパスタの品質に影響を及ぼすこともある。

② 外観上からの性状

パスタの形状は、均一であることが望ましい。

スパゲッティであれば、太さが均一であること、マカロニであれば円周部の肉厚が均一でなければならない。太さや肉厚が不均一であると、ゆで方を重視するパスタにとっては、同等にゆで上げることができず食感がバラつくことになる。

また、パスタの表面は、細かい亀裂やひび割れがないものが良い。亀裂やひび割れは、乾燥が不十分である場合と、工場での保管や流通経路での保管、あるいは家庭での保管状態が悪い場合がその原因となる。

ひび割れ製品は、ゆでるときにパスタがちぎれてしまう。とくに、乾燥が原因のひび割れの場合には、調理後の食感が弱かったり表面がベタベタしたりするなど、品質的に悪い傾向になる。

さらに、冴えた黄色味があり褐色の細かい斑点が少ないのも、良い品質としての要素の一つである。

斑点については、デュラム・セモリナの製粉上の特性として、ある程度は避けられないものであるが、一般的に原料小麦粉のグレードの指標となるものである。

すなわち、グレードの悪いものは斑点が多く灰分値が高く、パスタ全体の色調がくすんだものになる。

乾燥工程も色調に影響を及ぼす要因の一つであり、一般に高い温度（80℃程度以上）で乾燥させた製品は、やや赤味を帯びた褐色系の色調となる傾向にある。

一方、パスタ成形用の鋳型は、材質がテフロンなどの樹脂系と金属系のものとがある。テフロン製で成形したパスタは、表面がツルツルしており、金属製のものはややザラついて白っぽくみえる。使用目的により使い分けることになる。

③ パスタの断面

パスタの断面は、緻密なガラス質で透明感のあるものが望ましい。

スパゲッティの両端を持って折り曲げたとき、しなやかに湾曲し、パチンと音を立てて割れ、断面がガラス質のものが良い。

スパゲッティ以外のパスタでも、同様の性質のものが良いパスタである。

生地を脱気する工程をもつパスタは、優れた強い物性とともに、組織が緻密で透明感のあるものとなる。

脱気が不十分であったり、押出し圧力が低かったりするとこれらの特性が得られず、見かけの比重が低くなる傾向にある。

④ 異物混合、異味・異臭

異物の混合練り込みがなく、異味・異臭がないことは、食品としての基本的条件であり、当然守られなければならない品質である。

異物混入防止については、原料段階と製造工程、および包装工程での三重のチェック機構となっている。これによって混入の危険性は回避されるが、もし、混入がある場合には、原料由来の異種穀物か工程由来の付着物の剥がれによる異物の場合が多い。

異味・異臭については、正常な原料を使用し規定の工程を経ていれば、ほとんど発生することはない。

異味・異臭の発生があるとすれば、夏期において長期に保管された酸臭を発する原料を使用したり、乾燥工程において、低い温度条件で長時間さらされたりした場合に、酸臭を発することがある。

この場合、製品の水素イオン濃度（ph）が低くなるので、phを測定することで識別できる。

しかし、現在では高温度での短時間乾燥であることや、原料貯蔵設備も良くなっているために、決められた製造条件をしっかり守ってさえいれば、異味・異臭が発生する心配はほとんどない。

2　パスタの品質管理

パスタの品質管理に当たっては、パスタの品質特性と原料および製造工程との関連性を、十分に見極めておく必要がある。その上で、工程管理のポイントをどこに置き、製品の品質分析項目では、どんな試験項目をチェックするか考慮して、効果的に進める必要がある。


工程管理のポイントについては、「パスタの製造工程」の項で、製品の品質のポイントについては、「パスタの品質」の項で述べている。

製品と原料および製造工程との間の品質関連性を明確にしておくことは、品質管理の上で問題点が発生しても、発生時点からさかのぼって原因追求をするにしても、それがつかみやすいということである。

(1) 基本的な品質試験法

品質試験の測定方法については、ＪＡＳの品質試験項目にそって品質管理をすることで、広く全般的な品質を調査することが可能である。

しかし、最近ではパスタの使用用途が広がりつつあり、消費者や特定ユーザーからの品質要求は厳しくなる一方である。それには、これだけの品質管理項目では、品質要求に応えられない場面が出てきている。

パスタも食品であるからには、最終的には食べておいしくなければならない。どうしても最終的な判断は、人が食べて食感や風味を判断し、肉眼で外観をチェックすることになる。

しかし、人による官能的判断は個人差や環境によっても差違が生じるため、どうしても普遍性のあるデータを求めて、機械装置による測定に期待がもたれることになる。

現在、JASの品質測定項目以外に、重点的に実施されているパスタの品質管理項目には、物性測定と色調測定がある。

(2) 官能検査

食味や食感の感受性を均一化するために、訓練された数名のパネラーにより、試験サンプルを食して評価する試験方法である。

供試サンプルについては、所定の品質目標レベルに達しているかどうかの合否判断をする場合には、標準サンプルとの比較か、該当サンプル一点だけで試験を行う。

試験の目的により供試サンプルの点数は異なるが、2点サンプル法、3点サンプル法などの試験方法がある。

場合によっては、数点から数十点のサンプルを用いて、目標としている品質のサンプルをセレクトする方法もある。

評価項目についてはいろいろな項目が考えられるが、一般的には「風味」、「弾力」、「硬さ」、「表面状態」、「色沢」などの5～6項目での評価が適当ではないかと考えられる。評価項目が多いと、散漫な評価結果となる可能性もある。

評価方法については、評価項目ごとに「良い」5点、「やや良い」4点、「普通」3点、「やや悪い」2点、「悪い」1点の点数配分をして評価をする。場合によっては、最高点を10点とするなどもっと細かく評価したり、逆に最高点を3点にしたりする方法など、評価方法はさまざまである。

官能試験を品質の最終判断のよりどころとする場合が多いが、より客観性を出すためには、次のような機械装置による物性測定の結果と照合させながら、総合的判断をするのが妥当であろう。

(3) 物性測定

パスタの物性測定は、ゆで後の品質を客観的な数値として表現し、判断するために行われる。この試験は主にスパゲッティの品質判断に使われる。

スパゲッティの品質は微妙なところがあり、人による官能試験だけでは判断しきれないところを補うという意図も含まれている。

スパゲッティの物性は、原料小麦粉と製法の違いによって変わることはいうまでもない（図表7―2、図表7―3）。

① 物性測定装置

いくつかの測定装置があり、測定原理も少しずつ異なっている。使いやすく手頃な測定装置としては、レオメーター、テンシプレッサーなどによるめん線の圧縮と引張りによる抵抗値を数値化する装置がある。

【たん白質含有量】

等級＼タイプ	等級たん白質含有量（%）				
	特等粉	一等粉	二等粉	三等粉	末　粉
強力粉	11.7	12.0	12.0	14.5	－
準強力粉	－	11.5	12.0	13.5	－
中力粉	－	8.0	9.5	11.0	－
薄力粉	6.5	7.0	8.5	9.5	－

【灰分含有量】

等級＼タイプ	等級灰分含有量（%）				
	特等粉	一等粉	二等粉	三等粉	末　粉
強力粉	0.36	0.38	0.48～0.52	0.9	1.5～2.0
準強力粉	－	0.38	0.48～0.52	0.9	1.5～2.0
中力粉	－	0.37	0.48～0.50	0.9	1.5～2.0
薄力粉	0.34	0.37	0.48	0.9	1.5～2.0

資料：（一財）製粉振興会「小麦粉の話」

図表7－2
小麦粉のタイプ別等級別たん白質・灰分含有量

② 測定方法

通常の状態でゆでたスパゲッティ1本のめん線をプランジャーで圧縮したとき、破断するまでの抵抗値（圧縮試験）、およびめん線を引っ張ったとき破断するまでの抵抗値と長さ（引張試験）を測定する。

供試サンプルのスパゲッティのゆで時間は、試験の目的によって、芯がなくなる時間までゆでるか、この時間に対してプラス、マイナス数分のアロアンスをとって、ゆで時間を変えて測定するなどの方法がある。

③ 測定評価

・破断強度……ゆで後のめん線を圧縮し、破断するまでの抵抗値。

この数値は、スパゲッティの硬さや弾力の度合

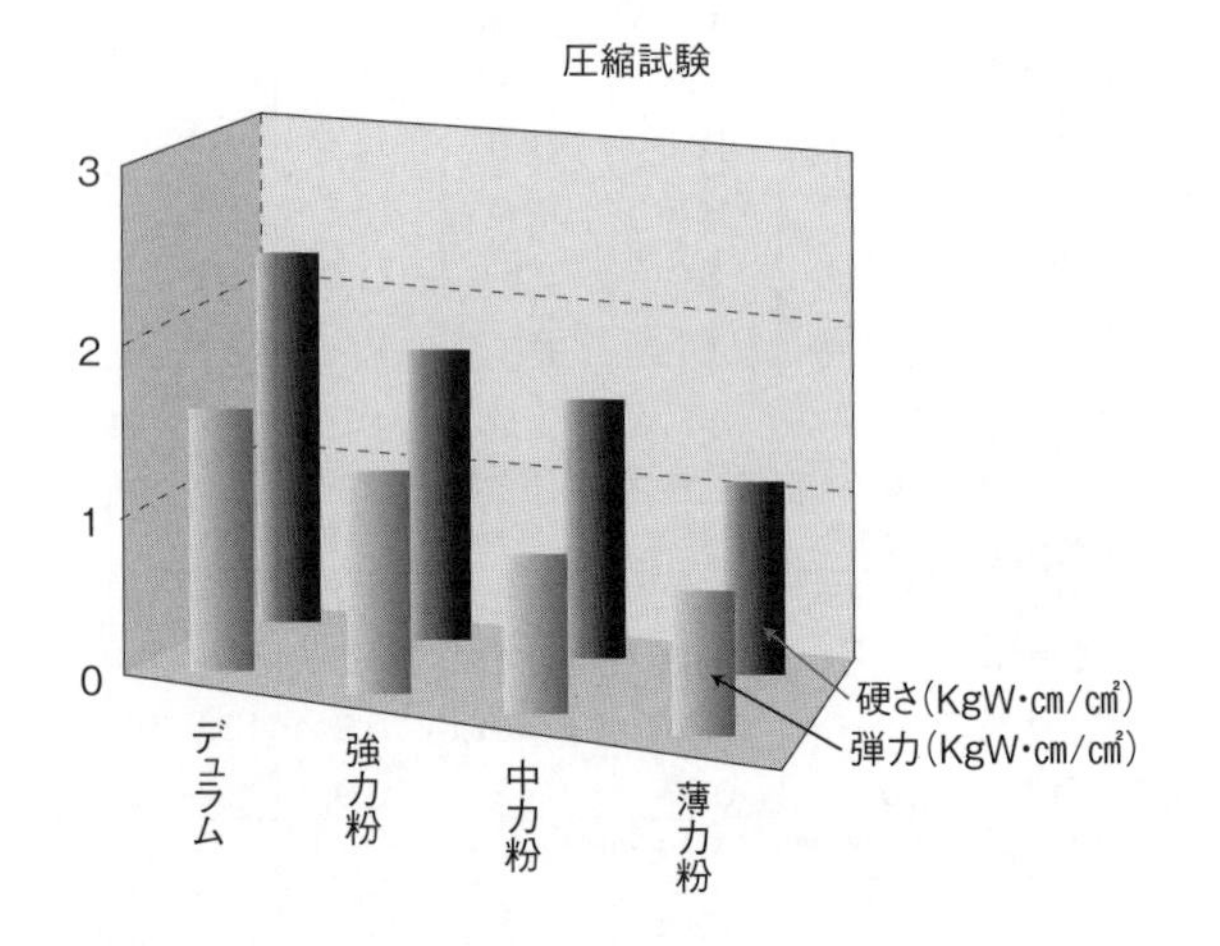

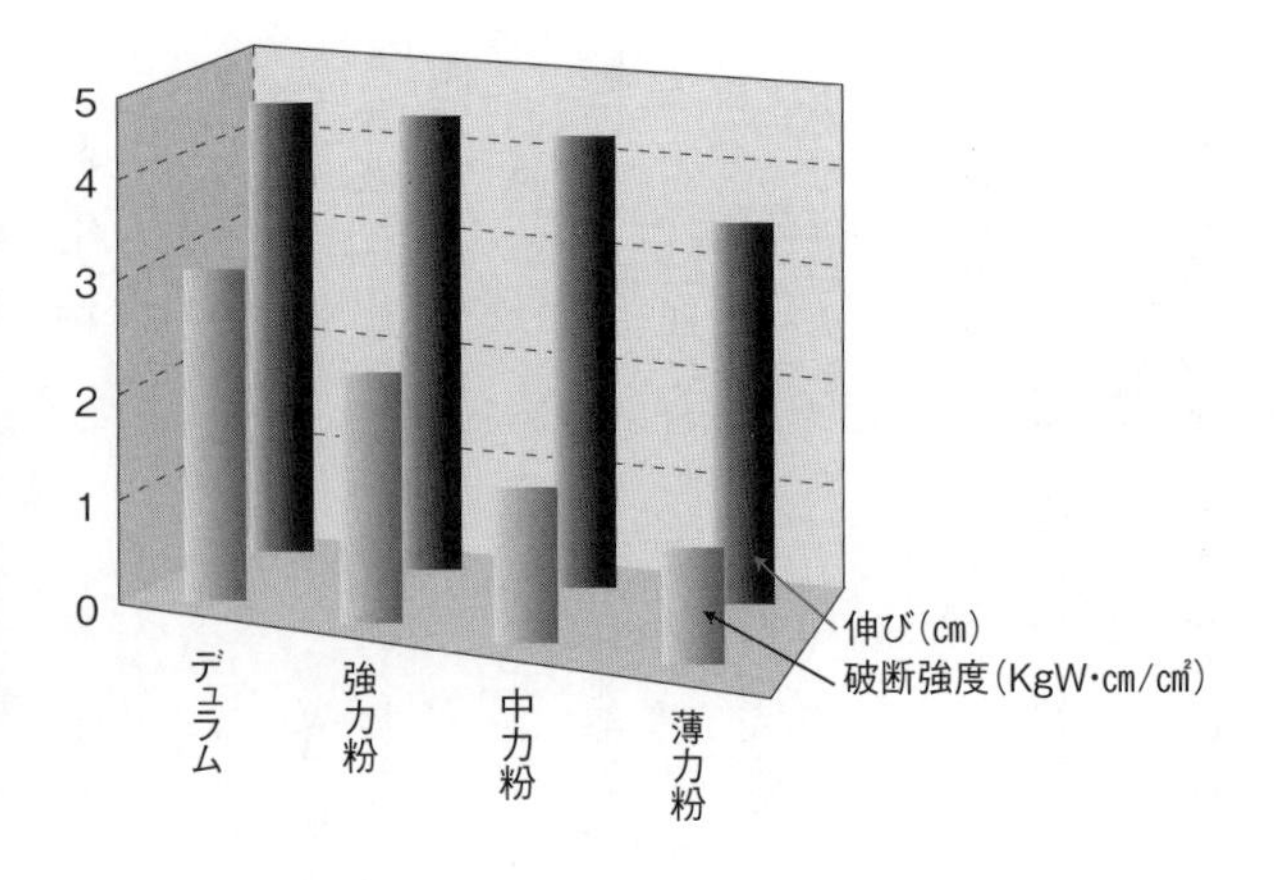

資料：マ・マーマカロニ㈱

図表７－３　タイプ別小麦粉の物性測定

いを示す指標に使われる。圧縮進行中の図形の変化状況とも合わせて観察すると、単なる弾力の指標だけではなく、プリンプリンとしたスパゲッティ特有の粘弾力の指標となる可能性が大きい。

・伸び……ゆで後のめん線を引っ張り、めん線がちぎれるまでの伸びの長さの数値（㎜）。

この数値は、スパゲッティが柔軟に伸びるかどうかの指標である。

弾力や硬さもあり、しかも、柔軟に伸びるスパゲッティであれば、粘りとしっかりとした歯応えをもった口当たりの良いスパゲッティといえる。

(4) 色調測定

パスタの色は製品の良否をみる上で、大きな品質指標の一つとなる。肉眼による判断が最終的なものになる場合が多いが、肉眼では判断できない微妙な色の差を、機器測定では識別することができる。

① 色調測定装置

測色色差計が一般的に使われる。

② 測定方法

供試サンプルを測定用機器に装着し、光をあてて反射率で色を測定する。

③ 測定評価

測定結果をL、a、b値で表示する。

・L値……明度、明るさの指標で、パスタが冴えた色調をしているかの判断をする。

・a値……パスタの色調の赤味の強弱の指標とする。

・b値……パスタの色調の黄色味の強弱の指標とする。

L、a、b値の総合的な測定結果によって、パスタが本来の黄色味をもった、冴えた色調のものであるかどうかの判断をすることになる。

3 パスタの品質表示

パスタ商品の品質表示は、消費者への情報提供として、包装袋には必ず数多くの情報が記載されている。

包装袋の表の部分には、ブランド名、ゆで時間、スパゲッティの場合には太さ（直径）などの表示がある。

スパゲッティ商品のバラエティー化が進み、太さが一間隔で商品化されるようになったことから、太さ、ゆで時間を太字で容易に識別できるように表示する例が多くなっている。

裏の部分には、製品特徴、ゆで方、料理レシピ、栄養成分、JASにしたがった一括表示、JASの認可を受けた商品ではJASマークなどが表示されている。

JASでの表示に関する規定は、「1　パスタの品質」の項において、JAS第三条（規格）で詳しく記述した通りである。

JASにおいては、その他にマカロニ類のJAS格付けのための「マカロニ類についての検査方法」、「マカロニ類についての製造業者の認定の技術的基準」などの規定項目がある。いずれも直接あるいは間接的に品質に関わるものであり、同様にこれらを参照して頂きたい。

4 パスタのゆで方

(1) スパゲッティのゆで方

パスタをおいしく食べるためには、正しい条件でゆでる必要がある。もちろん、パスタのもつ品質が基本であって、その良さをどう生かすかがゆで方であるといえる。

反面、パスタはもともと強靭な品質をもったためんであるから、必要以上に神経を使うこともない。いずれにせよ、基本を逸脱してはおいしいパスタは食べられない。

スパゲッティの基本的なゆで方は次の通り。

① ゆで湯量

1人分のスパゲッティの分量は、80～100gが基本。これに対してゆでるための水は10倍量、100gなら1ℓの水を用意する。大量にボイルする場合は、8倍前後の水でも可能である。

水の量が少ないと、スパゲッティ同士のすり合わせが多く、表面の肌荒れの原因になる。また、火の通りも悪く、うまくゆで上がらない。

乾燥スパゲッティ100gは、ゆで上がるのに約150ccの水を吸収する。

② ゆで鍋

鍋の大きさは、必要量の湯が吹きこぼれない程度の大きさで、深鍋型がゆでやすい。

火力については、スパゲッティを投入してから1分前後で再沸騰する程度の火力が必要である。再沸騰までに時間がかかるようでは、スパゲッティは弾力がなくなり、表面がベタついたものになる。

③ 食塩量

湯の沸騰後、食塩を投入する。食塩の量は湯1ℓに対して5～10gが目安。

パスタは、うどんと違って製造時に食塩を加えることはないので、塩味はまったくしない。したがって、ゆでるとき食塩を湯に加える理由は、パスタへの下味付けが主目的である。その後の調理によっては、食塩濃度を加減することも必要である。

④ めんの投入

スパゲッティを鍋に投入する際は、スパゲッティを鍋の縁に沿って扇状に広げるように、パラパラと順次投入していく。束ねた状態で一度にドサッと投入すると、スパゲッティ同士がくっつき、ほぐれにくくなる。鍋の縁から飛び出しているスパゲッティは、箸で素早く鍋の中に押し込まないと焦げる原因となる。

投入後は、スパゲッティをほぐすように軽くかき混ぜる。投入後1分間ぐらいでこの操作をしないとほぐれにくくなる。そのとき、十分にほぐれれば、その後はときどきかき混ぜる程度でくっつくことはない。

湯が沸騰してきたら、スパゲッティが鍋の中で軽く動く程度の弱い火力に調節する。強火のまま沸騰させることは、吹きこぼれの原因にもなる。パスタの場合、途中でさし水をしないことが肝要であって、そのためにも火力を調節する必要がある。

さし水をすると、一度湯の温度を低下させることになり、でん粉の糊化やグルテンの変性に支障をきたしスパゲッティがまずくなる。

パスタの比重は1・40以上と重いため、ゆでているときにパスタが浮き上がることはなく、火力を調節すれば吹きこぼれることもない。

⑤ **ゆで上がり**

ゆで上がりは、スパゲッティの中心部にポツンと白い芯が残る程度の硬さが目安である。これを「アルデンテ（al dente）」の状態という。

イタリア語で dente は歯という意味で、いわゆる歯応えのある食感ということである。

アルデンテの見方としては、ゆで上がり少し前にスパゲッティを一本取り出して噛んでみるか、ハサミや指でちぎって芯の状態をみる方法が一般的である。

また、専用の器具であるピンサーと呼ぶ2枚のプラスチック板に挟んで、芯の残り状態をみる方法もある。

径の細いバーミセリーやカペッリ・ダンジェロなどは、ゆで伸びしやすいので、ゆで上がる直前に鍋に冷水をさし（一般のさし水とは異なる）、湯温を下げて、ゆで伸びを防止する方法もある。

アルデンテはあくまでも一つの目安であり、ゆで後の調理の仕方、たとえばソースと加熱和えするか、ソテーするかなどの加熱調理の有無、また、使うソースの濃度の違いなどにより、ゆで上げ後の硬さを加減する必要がある。

⑥ **湯切り**

ゆで上がったらザルや水切り用ボウルに移し、素早く均一に湯を切る。

湯切りが不十分だと、湯の残っている部分だけゆでの状態が続くことになり、軟らかくなってしまう。

湯切り後放置しておくと、スパゲッティの余熱で表面の水分が飛び、流動性がなくなってスパゲッティ同士がくっついたり、固まりとなったりするおそれがある。

スパゲッティをおいしく食べるコツは、ゆで上げ後冷めないうちにソースと調理して、素早くテーブルに提供することであり、すべてのパスタに共通する。

⑦ 調理後の保存

ゆでたパスタが残った場合は、くっつかないようにサラダ油をまぶしてバットに広げ、ラップをして保管する。スパゲッティならば1食分ずつ小分けをして、まるめて置くと後の使い勝手が良い。再び使うときは、30秒前後熱湯に通して調理するのがコツである。

初めからゆで置きを目的にする場合には、通常のゆで上がりの6～7割に止めて、再使用時に1～2分ボイルしてから調理する。

いずれの方法にせよ、ゆでたて直後に比べると、歯応えや味は劣る。

(2) アルデンテとは

① ゆで上がり後の重量増加

パスタをゆでることで、パスタの主成分であるでん粉とたん白質が化学的変化を起こして、パスタの食感や味覚に大きな役割を果たすことになる。パスタの成分としては、でん粉が約70%、たん白質が10～13%前後含まれている。

でん粉はゆでることによって、でん粉粒が湯を吸収して膨潤を始め、生のベーター（β）でん粉から可食状態の軟らかいアルファー（α）でん粉へと、いわゆるでん粉の糊化現象（アルファー化）を起こす。

この糊化でん粉は、パスタの味覚と食感に大きく影響することになる。

一方、たん白質の成分であるグルテンは、加熱されることで熱変性を起こし、硬く弾力のある物性に変化する。これがパスタの物性に大きな影響を及ぼす要因となる。

このでん粉とたん白質を上手に加熱（ゆでる）して、両者の特質を引き出すことが、ゆでる操作において重要である。

パスタの中心部まで湯を浸透させ、完全なゆで上がり状態までもっていくと、パスタの重量に対して約150％前後の湯を吸収することになる（乾燥パスタの重量の2・5倍）。すなわち、乾燥パスタ100gは完全にゆで上がると、250g前後の重量となる。

重量の増加の割合は、パスタの種類によっても多少異なり、スパゲッティは完全なゆで上がり後の重量が245～255％、ショートパスタは235～245％前後となる。ショートパスタの方が重量の増え方がやや低い傾向にある（写真7—1）。

次に、完全なゆで上がり状態のパスタの容積は、約3倍強に膨潤する。すなわち、ゆでる前の乾燥パスタの100gは約70ccの容積（比重1・4強）があるが、ゆで上がり後は約220～230cc前後になる。

②アルデンテの重量増加

「アルデンテ」の状態は、中心部に湯が十分に浸透していない白い芯の部分が、ポッンと残る状態であるということは既述した通りである。この状態は完全にゆで上がる前の状態であるため、ゆで後の重量や容積はその数値よりは小さくなる。白い芯の状態がどの程度残ったものを、あるいはゆで上がりの重量がどの程度のものをアルデンテと呼ぶのかについては、明確な基準がない。

個人差やその後の調理方法、あるいはテーブルに提供するまでの時間などによって、ゆで時間は異なってくる。

アルデンテの芯が大き過ぎて硬すぎるものは、でん粉のうまみを十分に引き出すことはできないし、プリンプリンという弾力よりもゴツゴツした硬さが前面に出てしまって、パスタの良さを十分に引き出しきれない面がある。

日本で一般にアルデンテとしているのは、ゆで後の重量増加が230%（2・3倍）前後であると考えられる。

市販のパスタの包装袋には、メーカーが研究をした結果としてのゆで時間の表示がなされているが、国内パスタメーカーのゆで時間表示は230%を目標としたものが多い。

アルデンテの場合は、パスタをゆで始めてまず、表面から湯が浸透し、その湯が中心部まで十分に浸透しない状態のときに、ゆでを止めることになる。この状態は、パスタの表層部分の湯の吸収率と中心部の吸収率が異なった状態で、いわゆる水分勾配のある状態となっている。

これがパスタの硬さと粘弾力を引きだす要素となる。

歩留まり 235%

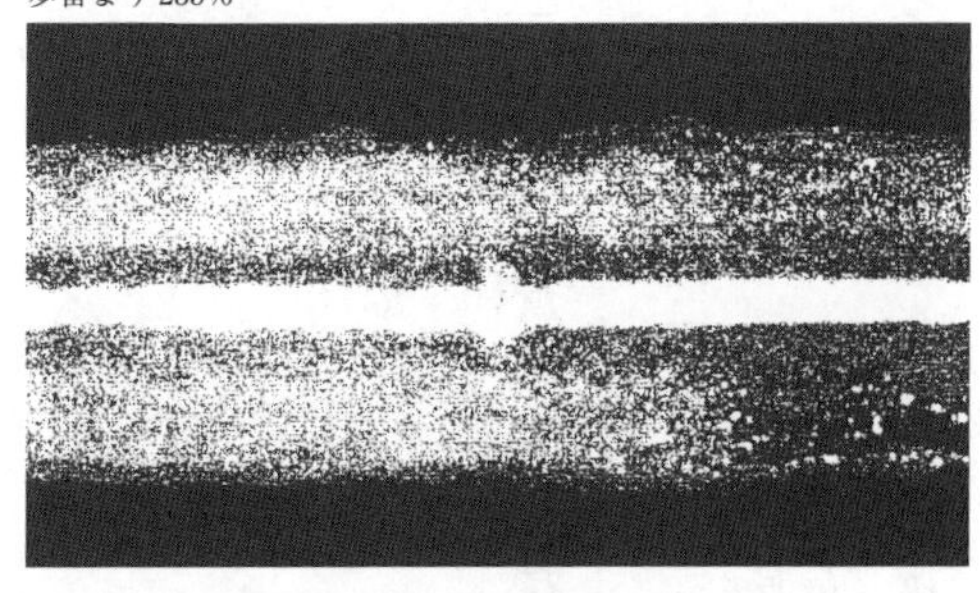

歩留まり 245%

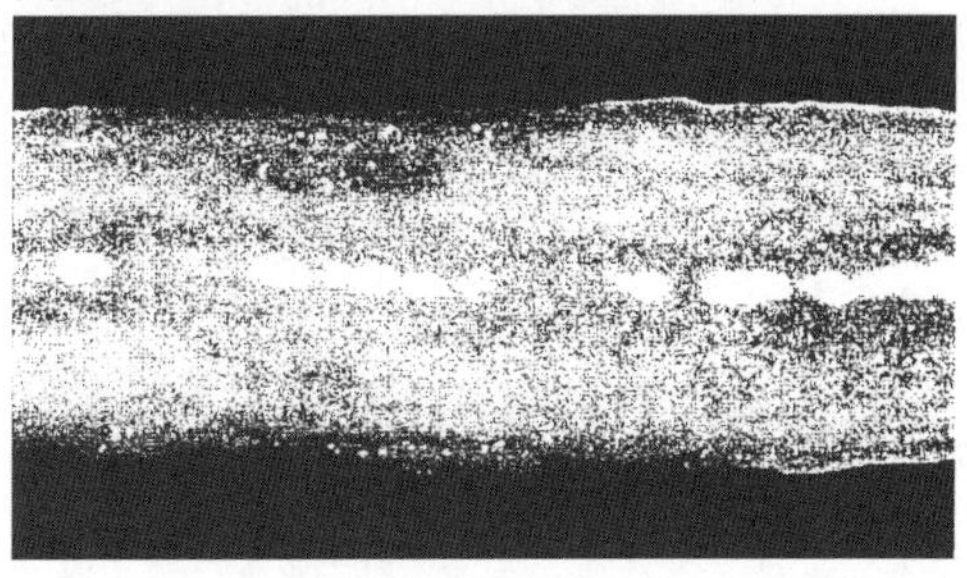

歩留まり 255%

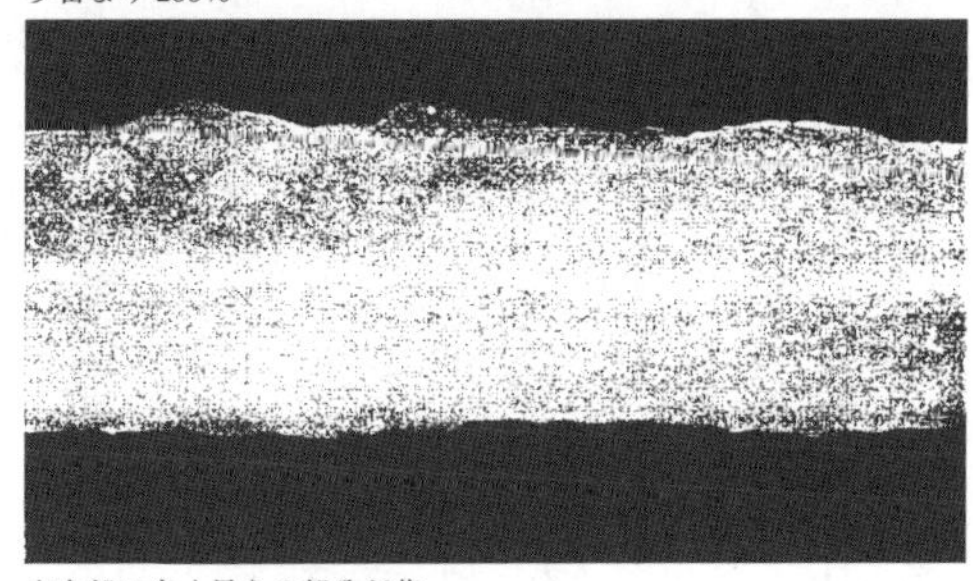

中央部の白く見える部分が芯
資料：マ・マーマカロニ㈱

写真7－1　スパゲッティのゆで歩留まりと芯残りの状態

しかし、中心部の広い範囲にわたって湯の吸収率が50%以下の状態では、でん粉の糊化現象やグルテンの熱変性が十分に作用せず、生状態の食感を強く感じることになる。

個人差はあるものの、適度な食べ頃のゆで時間というものがあり、自分なりのものをみつけるのも楽しいものである。

5 パスタの保存性と保存方法

(1) パスタの保存性

パスタの賞味期限は3年間である。既述したように乾燥したパスタの製品水分は13%以下であるため、この水分であれば、パスタ内部の水の動きはなく、いわゆる水分活性値が低く、品質の変化に影響をおよぼすような作用はほとんど起こらない。

しかし、小麦粉という「生きもの」を原料としている以上、長期的にみれば品質の変化があり得ないことはない。

また、商品の流通過程や家庭での保管状況によっては、品質に変化を及ぼすことも考えられるが、これは、どの食品にもいえることである。

スパゲッティを3年間保存した実験結果に基づいた、保存中における品質変化の状況は、次の通り。

① 保存サンプルおよび保存実験方法

・製品……デュラム・セモリナ100%スパゲッティと、強力小麦粉30%・デュラム・セモリナ70%スパゲッティの2点について実験

・保存方法……ポリエチレン製フィルムにて

密封包装し、それをダンボール箱に詰めた形態にて保存
・保存温度条件……室温保存とし、倉庫保管のため季節の温度変化とほぼ平行的な条件変化を示す
・保存期間……5年間とし、保存経過とともに品質検査のインターバルを1カ月から最長6カ月までに延長

② 保存中の品質変化

以下、保存結果についてはデュラム・セモリナ100%製品を中心に述べることにする。

・水分の変化

3年保存中の水分変化は、図表7—4に示す通りほとんど変化がない。スパゲッティ（ほかのパスタも同様）は、環境の相対湿度との間で平衡水分値を保つ性質があり、保存環境によっては吸湿する可能性もある。したがって、包装資材が透湿性の大きい場合には吸湿することもあるが、通常に市販されている商品の資材であれば心配はない。

保存中の食品の品質に変化に及ぼす要因としては、温度と水の2つの大きな要因がある。

水分については、13%以下と絶対値が低く、成分の化学変化や酵素作用、微生物の繁殖作用などを助長するような働きをしない。

水分について別の視点からみると、酵素の活性化や微生物の繁殖を防止するためには、水分活性値（AW）を0・7以下に抑える必要がある。乾燥パスタの水分活性値は0・65前後であり、この点でも問題はない。

図表７－４　パスタの５年間保存中の品質変化

項目 ＼ 試料[*1] 測定時	A			B		
	製造直後	製造３年後	製造５年後	製造直後	製造３年後	製造５年後
粗たん白（%）	12.9	13.0	－	12.1	12.2	－
灰分（%）	0.73	0.74	－	0.54	0.53	－
水分（%）	12.9	12.9	12.7	12.8	12.7	12.5
水素イオン濃度	6.5	6.4	6.3	6.3	6.2	6.1
50%エタノール可溶性酸度（%）	0.20	0.18	0.19	0.20	0.19	0.19
N／10酢酸可溶性たん白（%）	65	60	58	60	53	51
直接還元糖（%）	1.4	1.4	－	1.6	1.5	－
溶出率（%）	5.0	4.4	4.3	5.1	4.4	4.4
ゆでめんの増重率	2.55	2.54	2.54	2.52	2.53	2.53
色調（L）	55.6	54.0	53.8	57.0	56.2	56.0
（a）	2.6	4.0	5.0	1.7	2.8	3.6
（b）	27.1	25.8	25.6	25.7	25.1	25.1
物　性[*2]（F）	51.1 ± 0.8	61.1 ± 0.6	66.3 ± 0.9	47.9 ± 1.0	52.1 ± 0.8	55.1 ± 1.1
（L）	37.6 ± 1.7	28.5 ± 0.9	24.9 ± 0.8	38.7 ± 1.9	33.0 ± 0.8	26.3 ± 0.7
官能試験（ベタツキ）	3.5	5.0	5.0	2.0	4.5	4.5
（食　感）	3.5	3.0	2.5	2.0	3.0	2.5

＊1　A：デュラムセモリナ100%製品
　　　B：強力小麦粉（70%）＋デュラムセモリナ（30%）製品
＊2　F：破断荷重（g）
　　　L：伸び（㎜）
貯蔵場所：製品倉庫
資料：マ・マーマカロニ㈱

試験結果から判明するように、スパゲッティの水分は保存中に増加することはないので、水分に起因する品質変化は起こりにくいと考えられる。

・化学的変化

化学的変化の指標となる各成分の測定結果において、大半の項目で3～5年間保存中には大きな変化は起こっていない。

多少の変化がみられる成分としては、N／10酢酸可溶性たん白においていくらかの減少傾向がある。これは、たん白質の若干の変性が進んでいることを示唆するもので、スパゲッティの物性において、組織がしまって、しっかりした性質の方向に進んでいるといえる。

小麦粉中に存在する酵素の作用によって、成分変化が起こったという現象もみられない。

化学的な変化が起こっていないということは、スパゲッティの味や臭いの変化もないということで、食品としての嗜好的価値は落ちていないといえる。

・色調の変化

3年間の保存中に変化があったことが認められる。L値（明るさ、冴えの度合）、b値（黄色味の度合）が緩やかな減少傾向にあり、a値（赤味の度合）に上昇傾向がみられる（図表7－5）。

これはパスタの赤味が増し、黄色味が減少してきていることを示すもので、いわゆる褐変化の現象が現れてきたことになる。

ただし、3年間の変化をみる限り、商品価値を落とすほどの変化とはなっていない。

・物性および官能試験の変化

小麦粉製品全般にいえることであるが、適正な条件で保存した場合、ある時期までは熟成作用により、食感や物性がしっかりする傾向にある。

スパゲッティについても同様で、物性測定値をみると、破断荷重（ゆでたスパゲッティを引っ張るのに必要な力）は、保存経過とともに増加の傾向にある（図表7—6）。

一方、伸び（引張り時に切れるまでの伸びの長さ）は小さくなる傾向にある。

スパゲッティの場合は、保存後時間の経過とともに品質の向上がみられるが、2年目において硬さ、弾力、粘りなどの総合的な食感のバランスが、もっともよくとれて最高となる（図表7—7）。

以降、徐々に硬さだけが増して粘りや弾力が低下してくる。

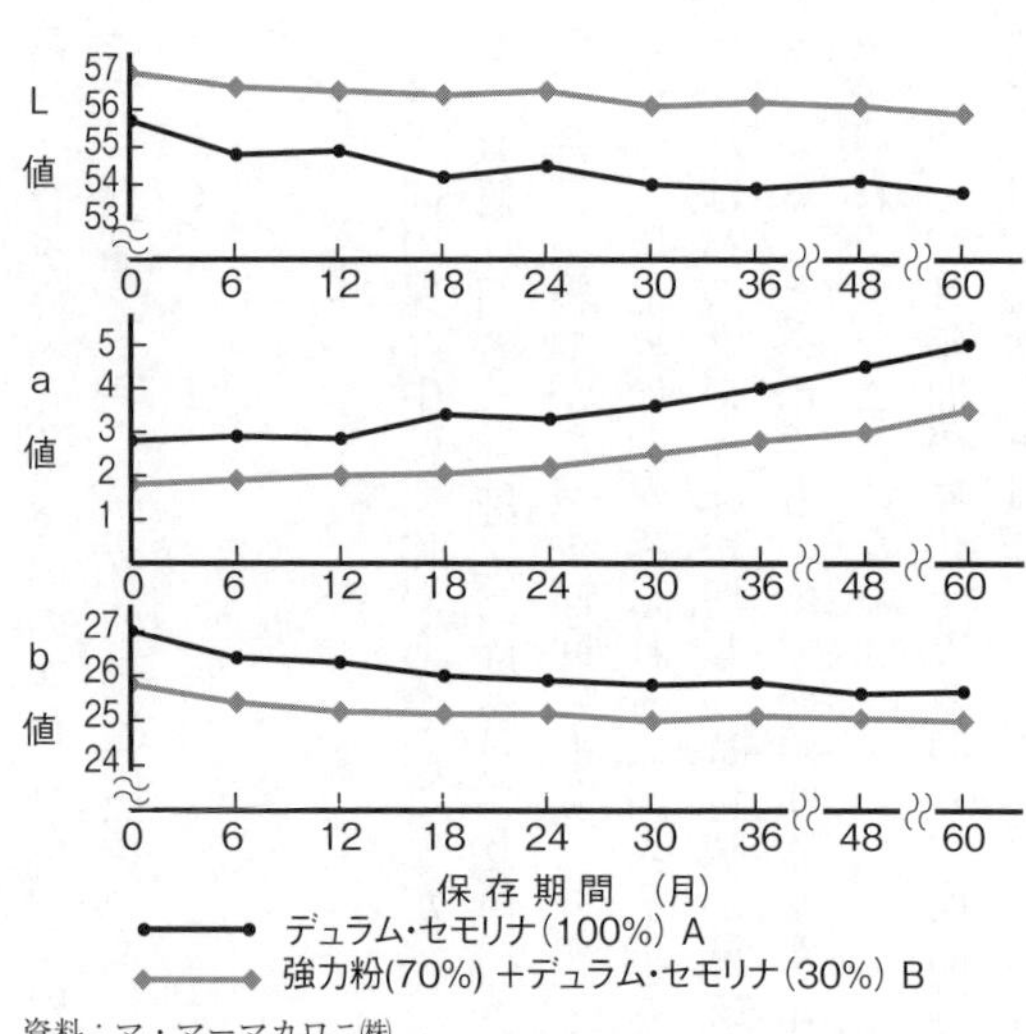

資料：マ・マーマカロニ㈱

図表7－5 保存中の色調の変化

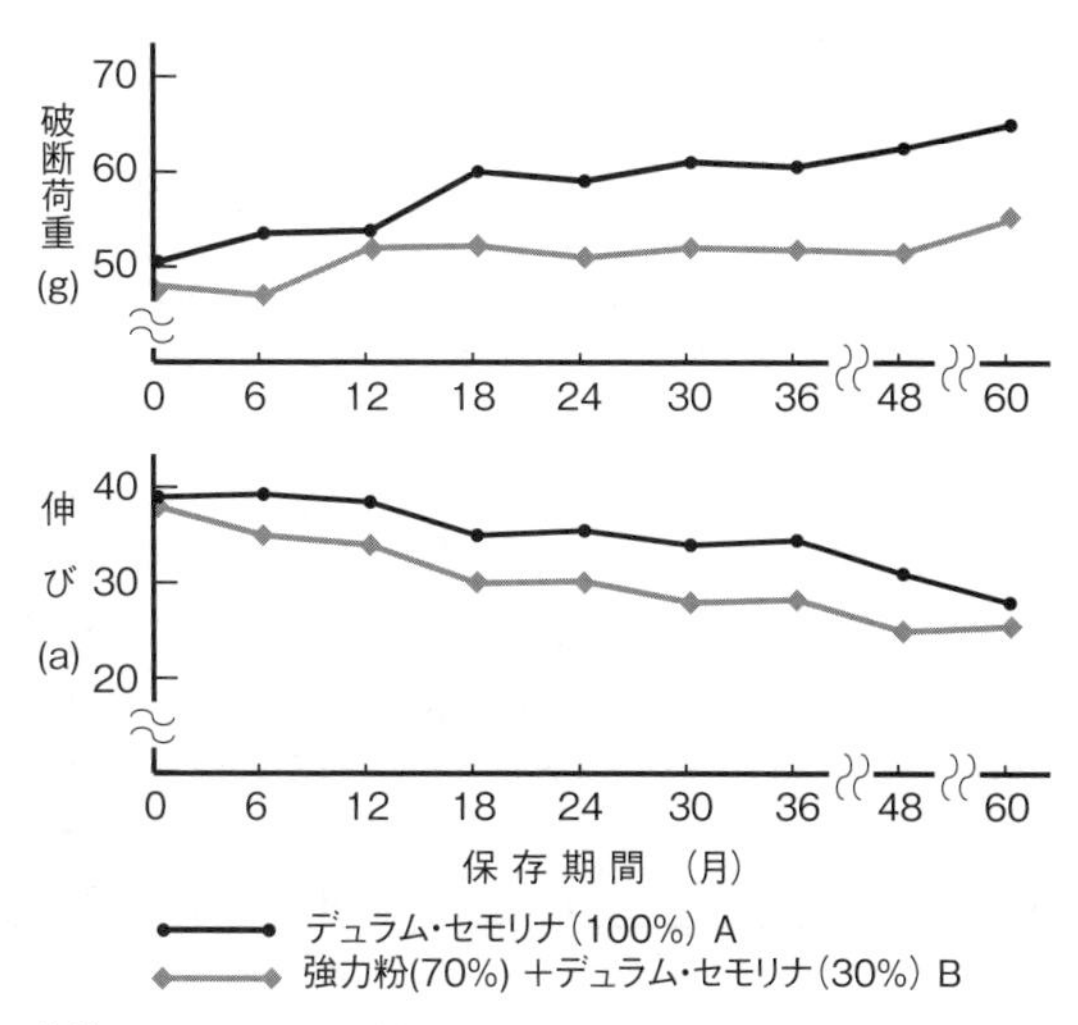

資料：マ・マーマカロニ㈱

図表7－6 保存中の物性の変化

3年目以降の食感の変化は、硬さがさらに増す傾向と粘りの低下がみられ、総合的な食感のバランスが崩れてくる。

③ 保存中の品質変化の概要

以上のように、スパゲッティ（すべてのパスタに共通）は、製造後2年間ぐらいでは時間が経過するにつれて食感が良くなる傾向にある。良食感のピークである2年目を過ぎて以降も、食感のバランスという点では、製造直後の食感に戻るような変化であり、3年目程度では製造直後の品質よりも劣ることはなく、商品価値の低下はみられない。

パスタの賞味期限は、こうした実験結果から3年間と定められている。

数多くある食品にあっては、新鮮さなど求めら

図表7－7　保存中の官能試験の変化

試料 / 項目 / 保存期間(月)	A べたつき	A 食　感	B べたつき	B 食　感
0	3.5	3.5	2	2
6	4	3.5	2	2
12	4.5	4.5	3	3
18	5	5	3.5	3.5
24	5	4.5	3.5	3.5
30	5	3.5	4	3
36	5	3	4.5	3
48	5	3	4.5	2.5
60	5	2.5	4.5	2.5

A：デュラム・セモリナ（100％）
B：強力小麦粉（70％）＋デュラム・セモリナ（30％）
資料：マ・マーマカロニ㈱

れる価値はさまざまであるが、パスタについては製造直後の製品よりも、ある程度時間を経過した製品の方が、本来のパスタらしい食感を味わうことができるといえる。したがって、新鮮さだけがパスタの商品価値を決めるものではない。

(2) パスタの保存方法

① 品質劣化要因

食品が品質劣化を起こす要因としては、次のようなことが考えられる。

・微生物的影響……細菌、酵母、カビなどの繁殖とその作用
・各種分解酵素の作用……組成分の変化
・虫類や動物の害……穀物関連の害虫、ネズミなどの害
・環境の影響……温度、湿度、物理的影響

・酸化や紫外線による劣化……空気中の酸素などによる酸化現象や紫外線の影響

これらの要因が保存中の時間の経過とともに、単独あるいは相互に影響し合いながら、食品の品質を劣化させる。

パスタの保存においてとくに注意しなければならない事項は、微生物、虫や動物、環境、紫外線の影響を防止することである。

② 保管方法

保管する容器は、湿気の吸収や虫の侵入を防ぐことのできるしっかりしたものが必要である。開封後はプラスチック製容器や金属製容器に入れ替えておけば、長期にわたって保管できる。

保管場所の環境条件は、直射日光の当たらない場所、比較的温度の低い場所、しっかりした容器に収納したとしても、できれば湿気の少ない場所が望ましい。

湿度が高い環境下では、パスタが湿気を吸収して微生物の繁殖や化学変化の原因となったり、パスタにヒビ割れが生じたりする原因ともなり得る。

ヒビ割れは、湿度のほかに高温の環境や直射日光にさらされることでも発生する原因となる。

また、紫外線や酵素は、パスタの色調を低下させる原因になる。

高温の環境下では組成分の変化をうながすことになり、物性の変化の進みが速く、室温に保管した場合に比べて、硬さのみが強調されたバランスの悪い食感になることもある。

第8章 栄養と料理

パスタの栄養価については、既述したように今あらためて見直されており、主に2つの視点から再評価されていることについて述べたい。

一つが「地中海式ダイエット」で、パスタ料理を中心とした地中海沿岸の食事パターンが、栄養バランスとして優れているという点である。

もう一つが「カーボローディング」で、炭水化物が体内の代謝において重要な役割を果たしていることが判明したという点である。

1 地中海式パスタダイエット

(1) 地中海式ダイエット提唱の背景

動物性脂肪や動物性たん白質を中心に摂っていた時代、炭水化物が主成分のパスタは、肥満の原因といわれ、しかも、栄養バランスが悪いということで不人気な食品であった。

これは世界的な傾向で、日本においても第二次世界大戦後経済的に豊かになると、動物性食品を偏重するようになり、パスタについては同様の感覚をもたれていた。

ところが、動物性食品を偏重することで、アメリカやヨーロッパでは肥満や高血圧、心臓病、糖尿病といった生活習慣病が急増した。

そのため、アメリカでは、1980年前後から健康的な生活を取りもどすためにどのような食生活をするべきか、その目的のために世界の食生活パターンごとに生活習慣病との関連性を調査し始めた。

その結果、生活習慣病予防に理想的な食事パターンは、南部イタリアを中心とした地中海沿岸の食事パターンであることが判明した。

ほぼ時を同じくして、イタリアの栄養学者サルバドーリ女史が「地中海式ダイエット」という本を出版した。同書では南部イタリアの食事を基本に、無理のないダイエット法を提唱していた。

(2) 南イタリアの食事

南イタリアは、イタリア国内でもパスタをもっとも多く食べる地方で、しかも、一回の食事でのパスタの摂取量が多いので、カロリー摂取源の多くを炭水化物に依存していることになる。

パスタの栄養成分は炭水化物が70％強、たん白質が13％前後、脂肪はごくわずかであることからも、このことがわかる。

また、南イタリアの食事やパスタ料理に使う食材をみても、栄養的に効果的であることがうかがえる。とくによく使われる食材の特徴としては、次のものがあげられる。

① オリーブオイル

調理にはオリーブオイルがあらゆる場面で使われる。オリーブオイルには、不飽和脂肪酸が多く含まれていて、血液中のコレステロールの量をコントロールする。そのため、高血圧を抑制する作用があるといわれている。

一方、動物性のバターや肉の脂には飽和脂肪酸が多く、血管にコレステロールを沈着させるといわれている。

どんなパスタ料理にも植物性のオリーブオイルが使われているといっても過言ではない。

② 魚介類

パスタと魚介類を組み合わせた料理や、魚介類のグリルやマリネなど、ほかの欧米諸国に比べるといろいろな調理法で魚介類をたくさん食べている。

調理の材料として多く使われるエビ、カニ、イカ、タコ、それからスズキなどの白身魚は、とくに脂肪分が少なく総体的なカロリーは低い。

また、南イタリアではイワシ、アジなど青魚もたくさん食べるが、青魚には脂肪酸の一種エイコサペンタエン酸（ＥＰＡ）が含まれている。ＥＰＡは、コレステロールの沈着を防ぐ作用があるといわれている。

③ 野菜や豆類

パスタとトマトソースは切っても切れない関係にあるが、トマトソースの主原料トマトをはじめとして、南イタリアの料理には多くの野菜が使われている。

ナス、アーティチョーク、ズッキーニ、ホウレン草、キノコ類などはパスタ用のソースやサラダ、マリネ、スープ、付け合わせなど必ず食事に出てくる重要な食材である。

豆類も多く使われ、豆のスープなどが料理に供される。

④ ハーブ類

ハーブ類を多用して味に変化をもたせ、砂糖の使用量を非常に低く抑えている。

(3) 地中海式パスタダイエットの内容

南イタリアで多用される先の食材を使って調理した各種料理の組み合わせは、炭水化物、脂肪、たん白質の摂取比率が理想的な数値に近いものになる。

効果的な栄養バランスを摂るためには、カロリー摂取源の主役を炭水化物に求めなければならないが、南イタリアにおける食事の炭水化物源としては、パスタがその役割を果たしている。

パスタはいうまでもなく、魚介類であれ、野菜類であれ、どんな食材との組み合わせでもおいしく食べられるので、結果的には栄養バランスの良いものとなる。

一般的なパスタ料理であるスパゲッティ・カルボナーラやスパゲッティ・ボンゴレ・ロッソなどをみても、この料理一皿で栄養バランスを満足させるものになっている（図表8―1）。

このように地中海式ダイエットの主役はパスタ料理であって、これをあえて「地中海式パスタダイエット」と呼ぶことにしたい。

2 パスタ・カーボローディング

体内代謝において、炭水化物は血液中で血糖値をゆっくりと上昇させるため、生活習慣病予防にプラス効果が期待できるといわれている。

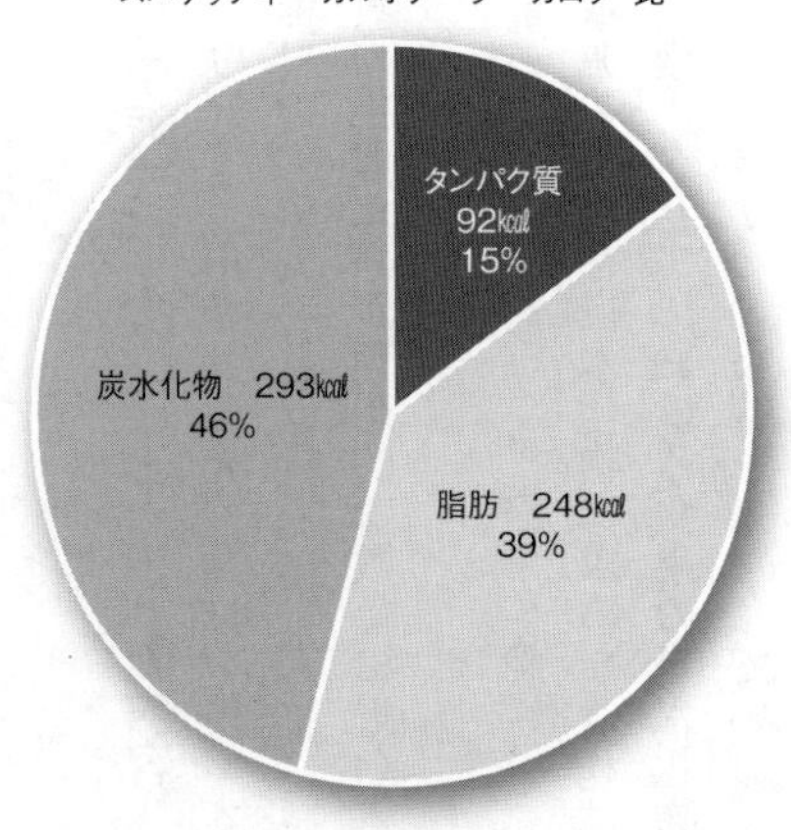

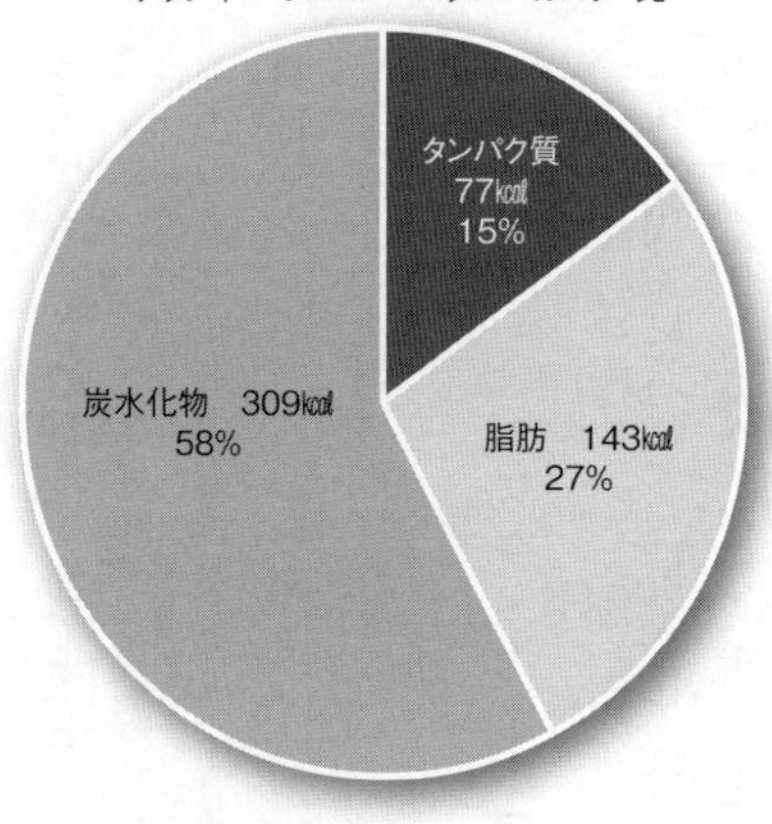

資料：マ・マーマカロニ(株)

図表8－1　パスタ料理（一皿分）のカロリー比

(1) 炭水化物と血糖値

① 代謝のしくみ

炭水化物は摂取された後、体内で消化酵素（アミラーゼ）によってブドウ糖に分解される。

ブドウ糖は血液中に取り込まれて（血糖値として表れる）各臓器に送られ、エネルギー源としての働きをする。

血液中に取り込まれたブドウ糖の量が一定量以上になると（血糖値が上昇してくると）、膵臓から分泌されるインシュリンによって、グリコーゲンの形に変化して肝臓と筋肉に貯蔵される。その後、少しずつ分解されてエネルギー源として活用される。脳のエネルギー源は、肝臓に蓄積されたブドウ糖が主力である。脳へのブドウ糖の供給が不足すると、思考力や集中力が低下するほか、朝の目覚めがすっきりしない。

このような代謝サイクルを繰り返すために、炭水化物が利用されることになる。

② 血糖値上昇と肥満

パスタの主な栄養素である炭水化物は、分子構造が複雑で消化吸収がゆっくりと進み、血糖値も同様にゆっくりと上昇させる。砂糖のように分子構造が単純で、すぐにブドウ糖に分解される炭水化物は、血糖値を急激に上昇させる。

血糖値が急激に上昇すると、血液中のブドウ糖のバランスをとるために、膵臓からのインシュリンの分泌が必要以上に多くなって、ブドウ糖を脂肪に合成する作用をも高めることになる。

合成された脂肪は体内に蓄積されて、エネルギー源として利用されるのを待つことになるが、そのまま体を動かさずエネルギーの消費が少なければ、脂肪の蓄積は多くなる。すなわち、肥満の原因となる。

インシュリンの分泌を必要以上に刺激することなく、血糖値をゆっくりと上昇させる炭水化物は、肥満を防止する効果があるといえる。

パスタは同じ炭水化物であるパンやうどん、ご飯と比べても、ブドウ糖になるまでの消化時間がゆっくりで、血糖値を急激に上昇させることはない。したがって、インシュリンを急激に分泌させることもない。

これはパスタの組織が緻密であること、アルデンテにゆでることで消化がゆっくりとなることに起因している。この点で、パスタは効果的な炭水化物源であるといえる。

(2) パスタ・カーボローディングの内容

炭水化物をエネルギー源として活用する方法としては、こうした血糖値の調整や脳へのエネルギー源のほかに、スポーツへの活用がある。

近年では、持久力を要するスポーツをする前に炭水化物を摂取することが常識となった。

有名なプロテニス選手やプロバスケット選手、プロサッカー選手など多くのプロアスリートがプレー前にパスタ料理を食べることは、マスメディアなどからの情報でよく知られているところである。

この炭水化物の活用方法を「カーボローディング」と呼んでいる。炭水化物を意味する「カーボハイドレイト（carbohydrate）」と、蓄えるを意味する「ローディング（lording）」の結合語である。

1980年代中頃、アメリカの運動栄養学者であるロバート・ハースが『Eat to Win』という著書のなかで、スポーツにはたん白質や脂肪も大切だが、運動エネルギーに効率よく作用するのは炭水化物であると発表した。これを機に、スポーツと食事との関係が注目された。

炭水化物は体内でブドウ糖に分解され、一部はグリコーゲンとして肝臓と筋肉に蓄えられることは既述した。貯蔵量としては肝臓より筋肉の方が多いが、いずれにせよ、蓄えられる量には限界があり、グリコーゲンが不足するとスタミナ切れとなる。

スポーツにおいては、プレー直後は炭水化物がエネルギーに変換され、次いで脂肪が変換される。最初から激しいエネルギーを要するスポーツでは、炭水化物は欠かせないエネルギー源となる。

「カーボローディング」とは、エネルギー源となる炭水化物を十分に摂って、しかも試合の数週間前から直前まで計画的に体内の筋肉にグリコーゲンを蓄積させることである。

血糖値の上昇が緩やかであるということは、スポーツをするためのエネルギー源を長時間にわたって持続的に供給することを可能にする。

パスタは血糖値をゆっくりと上昇させる効果と、栄養バランスを考えた食材を自由に組み合わせたいろいろなメニューが考えられるという利点がある。調理が簡単という手軽さの点からも、パスタはカーボローディングにとっては効果的な食品であるといえる。いい換えれば、これも「パスタ・カーボローディング」ということになる。

3 パスタ料理あれこれ

(1) トマトソースのスパゲッティ Spaghetti al pomodolo

トマトを具材として、スパゲッティを調理した基本的なパスタ料理である。

手で潰したホールトマトとバジリコのみじん切りをオリーブ油でさっと炒め、塩・コショウで調味して、スパゲッティと和えるシンプルな料理である。

トマトの酸味とバジリコの風味が調和した、さっぱりした味である。スパゲッティそのものを味わう料理であり、パスタの品質の良し悪しがはっきりと表れる。

トマトを使ったパスタ料理はたくさんあるが、一般にいう基本トマトソースのバリエーションの一つではなく、独立したパスタ料理である。

〔スパゲッティ・ナポリタン〕

かつての日本でスパゲッティ料理の代表選手は、スパゲッティ・ナポリタンとスパゲッティ・ミートソースであった。

スパゲッティ・ナポリタンと名のつく料理名はイタリアにはない。日本独特のものである。

トマトケチャップとウィンナーソーセージ、プレスハムを使ったナポリタンは、戦後アメリカから日本へ入ってきたものである。

トマトケチャップそのものがアメリカの食品であり、タバスコをかけて食べる人もいるが、タバスコもまたアメリカの食品である。

ナポリ風と名のつくソースとしては、ラグー・

アッラ・ナポレターナあるいはサルサ・ナポレターナと呼ばれる牛肉を使ったソースがあるが、ナポリタンとはまったく異なったものである。

スパゲッティ・ミートソースと名のつく料理名もイタリアにはない。日本流のミートソースは、イタリアでのボローニャ風ソース（サルサ・アッラ・ボロニェーゼ）を意味するものである。

(2) 煮込み風ソースの代表的料理

① ボローニャ風スパゲッティ　Spaghetti alla bolognese

日本での人気メニューの一つ。北イタリアのボローニャ地方のよく煮込んだ肉のソースを使ったスパゲッティ料理である。

スパゲッティ以外にも、フェットチーネなどのロングパスタや、リガトーニなどのショートパスタと調理することも多い。

ラザーニャ料理のボローニャ風ソース（ボロニェーゼソース、サルサ・アッラ・ボロニゼ）とベシャメルソースを、交互に重ねて焼いたエミリア風ラザーニャは有名。

牛肉と野菜をじっくり煮込んだ、ラグータイプのこうしたソースを食べる北イタリアのエミリア・ロマーニャ地方は酪農が盛んで、肉やハム、ソーセージなどの肉加工品が豊富なため、このようなソースが誕生したものと思われる。

② ナポリ風スパゲッティ　Spaghetti alla napoletana

ナポリ風ソースはボローニャ風ソースとよく似たソースで、牛肉、トマト、野菜をじっくり煮込んだラグータイプのソースである。

スパゲッティなどのロングパスタや、ペンネなどのショートパスタ、あるいは手打ちパスタなどと調理する。

ナポリ地方は魚介類の豊富な地方であり、この魚介類を使ったパスタ料理が多いなかで肉を使ったソースは珍しい。しかし、有名なソースの一つである。このようなラグータイプのソースはイタリアの各地に散在している。

かつての日本でのスパゲッティ・ナポリタンとは、趣を大きく異にしたパスタ料理である。

(3) 香草を使った代表的料理

① バジリコのスパゲッティ

Spaghetti al basilico

代表的な香草（ハーブ）であるバジリコを使った、あっさりとしてさわやかな風味のソースとスパゲッティを組み合わせた料理。

オリーブ油で炒めたニンニクと生バジリコを合わせ、ゆでたてのスパゲッティと和えたシンプルな料理である。

バジリコは日本でもよく知られたハーブの一種で、パスタ料理にも広く使われている。もともとイタリアをはじめ地中海地方では、昔から広く料理に使われているハーブである。

バジリコの葉は加熱しすぎると黒く変色したり、風味が失われたりするので、調理時には注意を要する。

② ジェノバ風ペーストのタリアテッレ

Tagliatelle al pesto genovese

バジリコ、ニンニク、松の実、チーズ、オリーブ油をすり合わせたペースト状のソースを、タリアテッレと和えた料理である。

北イタリアのジェノバ地方の代表的ソースで、バジリコの風味を生かしつつ、チーズでやや味を濃厚にしたものである。

タリアテッレを使うのがこのソースの代表例であるが、スパゲッティなどのロングパスタ、ペンネなどのショートパスタ、あるいは詰め物入りパスタのラビオリなどとも調理する。

このソースはびんに詰めて、その上をオリーブ油で密封するように満たしておけば、比較的長い期間貯蔵できる。

(4) 魚介類を使った代表的料理

① アサリのスパゲッティ Spaghetti alle vongole

魚介類を使ったパスタ料理の代表的なものの一つ。オリーブ油、ニンニク、赤トウガラシで下調味した後、アサリを白ワインで蒸して仕上げたソースとスパゲッティを和えた料理である。このソースの場合には、アサリのうまみを含んだ汁気の多いものがおいしく、スパゲッティはやや細いものを使うとソースとよく馴染んで食べやすくなる（写真8―1）。

スパゲッティのほかには、やや細目のリングィーネや手打ちのロングパスタとも調理する。

トマトと合わせた赤色（ロッソ）とトマトを使わない白色（ビアンコ）の2通りのソースがある。

魚介類を使ったソースは日本人には馴染みやすいが、イタリアは日本と同様に魚介類が豊富なことから、とくに南部イタリアはそれらを素材としたソースが多い。

しかし、限定されているわけではなく、もちろ

写真８－１　菜の花とあさりのスパゲッティ

んその他の地でも類似のソースは多く存在する。

このほかに魚介類を使ったパスタ料理としては、ムール貝、イカ、タコ、エビ、小魚などと一緒に煮込んだ「漁師風のスパゲッティ」(Spaghetti alle pescatore) や「海の幸のスパゲッティ」(Spaghetti con frutti almare) などがある。

② イカ墨のスパゲッティ　Spaghetti al nero di seppia

イカ墨、イカの身、トマトソースで仕上げた真っ黒なソースとスパゲッティを和えた料理。トマトソースでイカ墨の生臭さが消されて、イカの風味がよく出ているが、見た目は強烈で印象に残る色彩である。

イカ墨を使った料理に「イカ墨のリゾット」などもあり、いずれも味はたいへん良いが食べた後、口の周りに注意をしなければならない。

③ キャビアのスパゲッティ　Spaghetti al caviale

ソースを作るに当たって魚介類の使われ方は多岐にわたるが、このソースは魚の卵を使ったソースの例である。

生クリーム、コショウで下調味した中にキャビアを混ぜて、仕上げたソースとスパゲッティを合わせた料理である。

キャビアはイタリアでも日本でも贅沢な食材であるが、カスピ海で獲れるものが多く、イタリアにとっては遠い国の食材である。昔はイタリア北部のポー川でチョウザメが獲れたことから、この料理が誕生し今日まで引き継がれているといわれている。

魚の卵を使ったパスタ料理には、その他にマダイやハタの卵を乾燥させたものに加えて、カラスミやウニなど日本人にも馴染みのある魚の卵も使われている。

日本ではタラコ、辛子明太子を使ったパスタ料理が人気が高い。

(5) 卵を使った代表的料理

① 炭焼き風スパゲッティ（カルボナーラ）　Spaghetti alla carbonara

パスタ料理に卵を素材として使うことは多いが、なかでもカルボナーラは代表的なメニュー。溶き卵、ベーコン（パンチェッタ）、生クリームで仕上げたソースと、スパゲッティを合わせた料理である。卵の風味とベーコンの風味がマッチしており、さらに、黒コショウをかけることでピリッと味を引き締めている。

　イタリア中部のラッツィオ地方の代表的な料理。ふりかけた粗びきの黒コショウが、飛び散った細かい炭にたとえられることから、その名が付けられたといわれる。ちなみに、イタリア語のカルボナーロは「炭焼き夫」を意味する。

(6) 野菜を使った代表的料理

① シチリア風スパゲッティ　Spaghetti alla siciliana

　たっぷりのナスとトマトで仕上げたソースと、スパゲッティを和えた料理。シチリア地方の代表的料理で、素材のナスは日本でも馴染みのある野菜で人気料理の一つとなっている。

　シチリアなど南イタリア地方の野菜を使ったパスタ料理には、ナスとイワシのノルマ風スパゲッティや、ナスとズッキーニとピーマンなどの野菜を煮込んだ、一品料理としても食べるカポナータが有名である。

② ミネストローネ　Minestrone

　野菜とパスタを煮込んだ具たくさんのスープ料理。単なる野菜スープの場合もあるが、パスタとインゲン豆などパスタを使うことが多く、中部イタリア地方を中心としたイタリアの代表的な料理である。

　その他、野菜豊富なイタリアでは、地方特産で、しかも季節の旬の野菜を使ったパスタ料理が、各地方を代表する料理として存在する。

4 イタリアパスタ料理の地方別特色

(1) 郷土色を生み出す背景

イタリア料理は、これが代表的イタリア料理であると断定することが難しい。それは、イタリア料理が地方料理の集合体であるといわれているからである。

豊かな食材と多彩なメニューで楽しませてくれる料理の数々は、どれをとってもイタリア料理の代表選手のように思えてくる。しかし、これらの料理の一つひとつは、地方ごとに長い歴史のなかで育まれてきた郷土を代表する料理である。

パスタ料理もこうした郷土色豊かな料理の流れに乗って、それぞれの地方で誕生、発展してきた。それが今日、われわれの知るイタリアのパスタ料理である。

なぜ、イタリア料理は地方料理の集合体なのか。それには、歴史的および地理的な背景がある。また、イタリア人気質として自治的で郷土意識が強く、自分たちの伝統文化を強く守るという一面をもっている。

歴史的には、イタリアは中世以来各地に誕生した都市国家が、政治的にも経済的にも力を競い合って都市の自治化を進めてきた。

その都市国家に独自の文化や風習が育ち、その地方に暮らす人々の生活に根ざした食文化が生まれることになった。

地理的には、イタリアの地形が長靴型の南北に長い半島の形をしており、ほぼ中央近くをアペニン山脈が走っている。この山脈が、イタリア国土を大雑把には北部地方と中・南部地方に隔てている。

そのため、北部、中部、南部の各地方に気象条件の違いはもちろんのこと、生産する農産物や工業の発達の差が生じることになった。

それが食材や調理法、さらには味の違いとなって、それぞれ特色のある地方料理を生みだす要因となっている。

(2) 北部イタリアのパスタ料理

イタリアの北端はアルプス山脈が横たわり、自然の国境線を形成している。アルプス山脈の南麓をポー河が流れ、その流域はイタリア最大の肥沃な土壌であるポー平野となっている。

ここは牧草の輪作による酪農が盛んな上に近代的農業が営まれ、さらに、最大の稲作地帯でもある。

そのため、北部地方では、パスタ料理とともに米料理も発達して、サフランのミラノ風リゾットや肉のスープで炊き込んだピエモンテ風リゾットなどいろいろな米料理が誕生した。

パスタ料理は南部に比べるとバラエティーさに欠けるところもあるが、やはりそこはイタリアであり、北部なりの特色あるパスタ料理が存在する。

この地方では、詰め物入りパスタのラビオリやカネロニ、そしてラザーニャやタリアテッレなど手作りのパスタがたくさん食べられている。タリアテッレは北部のアルプス山脈の麓の地域を中心に使われている名称である。

麓のトレンティーノ地方は、それに加えてリボン状のパスタも多く食べられており、チーズやバターと調理して食べる。同地方のフランスに近い地域では、特産品のキノコを素材としたパスタ料理が多い。

パスタ料理のなかでも歴史の古いラザーニャを使った料理「エミリア風ラザーニャ」、タリアテッレにたっぷりボロニェーゼソースとパルメザンチーズをかけた「ボローニャ風タリアテッレ」、生クリームで和えた手打ちのラビオリ料理など北部の代表的料理である。このように、肉をじっくり煮込んだラグータイプのボローニャ風ソースが誕生したのが北部地方である。

肉、肉の加工品、バター、チーズなどは酪農が盛んなための特産物であり、これらがパスタ料理にも広く用いられている。

そのため、北部地方の料理は、パスタに限らず味としては濃厚であるが洗練されたものとなっている。

(3) 中部イタリアのパスタ料理

フィレンツェからローマにいたる一帯の中部地方は、暗く厳しい冬の季節をもつ北部とは違い、明るい地中海性気候の影響を受けている。

しかし、南部のような乾燥気候でもなく、灌漑（かんがい）をしなくても野菜や牧草を栽培できる温暖な気候に恵まれた地域である。

フィレンツェの南に連なるなだらかなキャンティ丘陵では、ブドウが栽培されイタリアを代表するワイン、日本でもよく知られたキャンティやモンタルチーノなどが生産されている。

また、この一帯は大型の白牛が飼育されフィレンツェ料理の代表とされる、フィレンツェ風ビーフステーキが生まれたところでもある。

フィレンツェを州都とするトスカーナ地方では、豆と米や魚を組み合わせた料理、あるいは豆のスープなど、豆をたくさん食べるのでトスカーナ地方の人々のことを「豆食い」と呼んでいるようである。

パスタ料理としては、トスカーナやエミリア地方を中心に、トリテリーニ、アノッリーニなど詰め物入りの生パスタを生クリームやボロニェーゼソースと合わせたり、スープの具として用いたりするパスタ料理が多い。

ローマ周辺のラッツオ地方では、溶き卵とベーコン入りの「カルボナーラ・スパゲッティ」やパンチェッタ（生のベーコン）入りの「アマトリーチェ風スパゲッティ」、あるいは「アマトリーチェ風ペンネ」などが代表的なパスタ料理である。

使われるパスタは北部地方では生パスタが多く、南下するにしたがって乾燥パスタの量が多くなる傾向にある。中間地帯に当たる中部地方のなかでも、南の方に位置するラッツオやウンブリア地方になると、両者はほぼ半々ぐらいの使われ方となる。しかし、輸送手段の発達した今日では、それもあてはまらない状況になってきている。

ルネッサンスの中心地であるフィレンツェを擁するこの地方は、イタリアのなかでも格調の高い食文化を育てた地であり、パスタ料理にも名残が感じられる。

(4) 南部イタリアのパスタ料理

イタリア南部は乾燥した地中海性気候のため、農産物の種類は限られる。乾燥した気候に適したブドウ、オリーブ、かんきつ類などの果物、秋に種を蒔くデュラム小麦、主に灌漑によって栽培される野菜などが主な産物である。

ナポリ近郊のサン・マルツァーノ地方はトマト

の一大生産地となっており、果肉が厚く、細長い形でソースに適したサン・マルツァーノ種のトマトが採れるところである。

パスタの原料となるデュラム小麦、トマト、そしてオリーブ油の産地となれば、これでパスタ料理の材料は完璧であり、南部の中心地ナポリはさしずめパスタ料理の都といえる。

ナポリを州都とするカンパーニャ地方の代表的料理として、黒オリーブとケーパーの入ったトマトソースで調理するスパゲッティ料理、いささか奇妙な名前の「娼婦風スパゲッティ」。そして、海産物が豊富なナポリならではの「ボンゴレ入りスパゲッティ」など、すでによく知られたパスタ料理がたくさん存在する。

ナポリといえば「ナポリ風ピッツァ」も有名である。ピッツァはもともと庶民の簡単な食べ物であったが、今では魚介類、ハム、チーズなど豪華な具材をのせたものに変わっている。

南部パスタ料理の素材は、やはり、地元の特産品であるトマトと魚介類、そして、オリーブ油である。これが北部のバターやチーズを使った濃厚な味のパスタ料理と異なるところであり、素材の味をそのまま生かした素朴な料理が南部の特色といえる。

19世紀後半、トマトとオリーブ油で調理した乾燥パスタを食べなれた南部の人たちが、このトマトで調理したパスタ料理をアメリカへ持ち込むことになった。

山間部地域のアブルッツォ地方には、古くから伝えられる手作りのキタッラ（断面が四角形のロングパスタ）を、牛肉の替わりに羊肉を入れた「ラグー・アブルッツェーゼ」で調理したこの地方独特のパスタ料理がある。

　南部の島シチリアでは「ナス入りソースのスパゲッティ」「イワシ入りスパゲッティ」など、ごくありふれた材料を使ったパスタ料理が庶民の味として親しまれている。

　このように南部のパスタ料理はシンプルで、しかも、調理に使われる素材には、今日では栄養的にも健康的にも見直されているものが多い。まさに、地中海式パスタダイエットの根幹となっている。

5　和食とイタリア料理の共通点

　日本とイタリアの食事といえば、かたや日本料理、かたや西洋料理でありメニューや料理の姿も違うし、一見してまったく違うようにみえる。

　外見上の姿形が変わっても、使われている食材や一回の食事での栄養素の構成など、両者は見えないところでよく似ているところがある。

(1)　食材の共通点

①炭水化物が主食

　日本人は一般に主食として米とめん類を食事の中心に置き、それを補うかたちでおかず類を食べている。懐石料理で次々に出される料理は、すべて酒の肴(さかな)であって、最後に食事としてご飯とみそ汁、お新香が出される形式である。しかし、一般家庭での食事は、ご飯やめん類が主食として最初から出されるのが普通である。

　欧米の食事ではどれが主食なのか見分けがつかないが、パスタをたくさん食べるイタリア人にとっては、パスタが主食ではないにしてもそれに近いものであり、また、珍しく米も食べる人たちである。米、めん、パスタなどのでん粉質食品を主要なエネルギー源としている点では、共通の特徴点がある。

② 魚介類を多く食べる

また、日本もイタリアも国土の大半が海に囲まれ、豊かな漁場に恵まれており、昔から魚を食べる習慣が根づいている。

といっても、イタリア人の方が日本人よりも食べる量は少なく、肉は日本人よりはるかに多く食べている。それでも、欧米諸国のなかでは魚と肉をバランスよく食べているということになる。

③ 野菜を多く食べる

さらに、アルプスより北の国々に比べれば、イタリアの気候は温暖で野菜の栽培に適しており野菜が豊富である。野菜は魚介類とともにパスタソースの素材として使われるが、ほかにもサラダや温野菜、スープといろいろな場面で利用されている。このように、イタリアも日本と同様、野菜や植物性の素材を取り入れたメニューが多い。イタリアでは他の欧米諸国に比べて、植物性の油や植物性のたん白質を高い比率で摂取しているのである。

(2) 調理法、栄養価の共通点

でん粉質食品、魚介類、野菜と料理に用いられる食材の構成が日本とイタリアではたいへんよく似ている。これは人間にとって欠かせない三大栄養素の炭水化物、脂肪、たん白質の摂取比率が類似しているということである。

しかも、日本もイタリアも三大栄養素の摂取比率が、生活習慣病を予防し、健康を維持するための理想的数値に近い値になっている。

調理の仕方をみても、食材をそのまま焼いたり、揚げたり、煮たりと、食材本来の持ち味を生かす調理法が多いのも、日本とイタリアの共通点である。

このように、食材や調理法、その結果としての栄養価など日本とイタリアの食事では、多くの類似点をもっている。

とりわけパスタ料理は、イタリアの食事のキーポイントであり、一方、日本では米とめんが食事のキーポイントとなる。パスタもめん類の一種である。これからみると、パスタ料理が日本人にとってそれだけ馴染みやすいものであったといえる。

こんなところにも、日本でのパスタ料理の普及の隠された要因があるかも知れない。

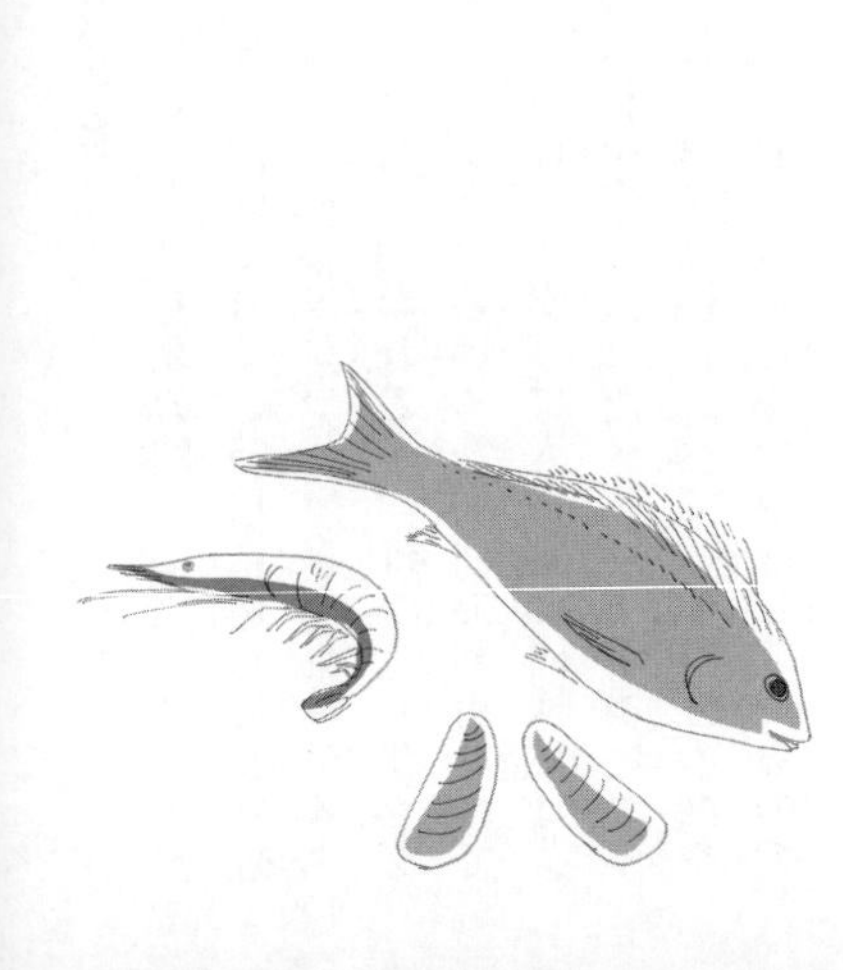

第９章　パスタの生産と消費

１　日本のめん類市場の動向

パスタを含めて日本のめん類市場では、伝統的なうどん類（生めん、乾めん）やそば、あるいは中華めんなど、あらゆるめん類が流通している。

こうした先輩格の日本のめん類に対して、後から市場に導入されたパスタが混戦模様のめん類市場のなかでただ一点、西洋的な雰囲気をもつめんとして頑張っている。

日本のめん類全体の生産量は、２０１６（平成28）年時点で、小麦粉換算で１４１万ｔであった（図表９—１）。

図表９－１　めん類の国内生産量推移

単位：（小麦粉使用量ｔ）

	全めん類	生めん	乾麺	即席めん	マカロニ類
平成19年	1,319,118	596,006	199,154	353,931	170,027
20年	1,277,168	586,778	202,139	323,326	164,925
21年	1,264,727	569,665	193,422	345,793	155,847
22年	1,250,537	554,766	202,715	332,289	160,766
23年	1,283,188	548,098	209,109	361,191	164,790
24年	1,268,851	541,731	204,169	363,324	159,627
25年	1,323,989	562,271	213,175	385,593	162,949
26年	1,370,903	577,550	213,273	410,156	169,906
27年	1,396,253	624,084	195,105	413,879	163,185
28年	1,408,739	652,131	185,729	419,016	151,863

資料：農林水産省「食品産業動態調査」

もっとも生産量が多いのが生めん、次いで即席めん、乾めん、パスタの順となる（図表９―２）。

平成17年から28年までの10年間でめん類全体の伸び率は１０７％である。この間、前年比マイナスの年度もあり、順調に伸びてきているわけではない。

それぞれのめんを個別にみると、生めんは１０９％で、めん類全体の伸び率と肩を並べている。乾めんは93％で伸び率はマイナスである。

即席めんは１１８％で、めん類のなかでは伸び率が高くなっている。パスタは89％ともっとも伸び率が低くなっているが、これは、ある国産パスタメーカーが国外へ工場を移設した影響である。

このように、めん類市場のなかでも、個々にみると伸び率はそれぞれ異なった動きをしているが、国内で生産されるめん類全体としては、若干

（単位：小麦粉使用量ｔ）

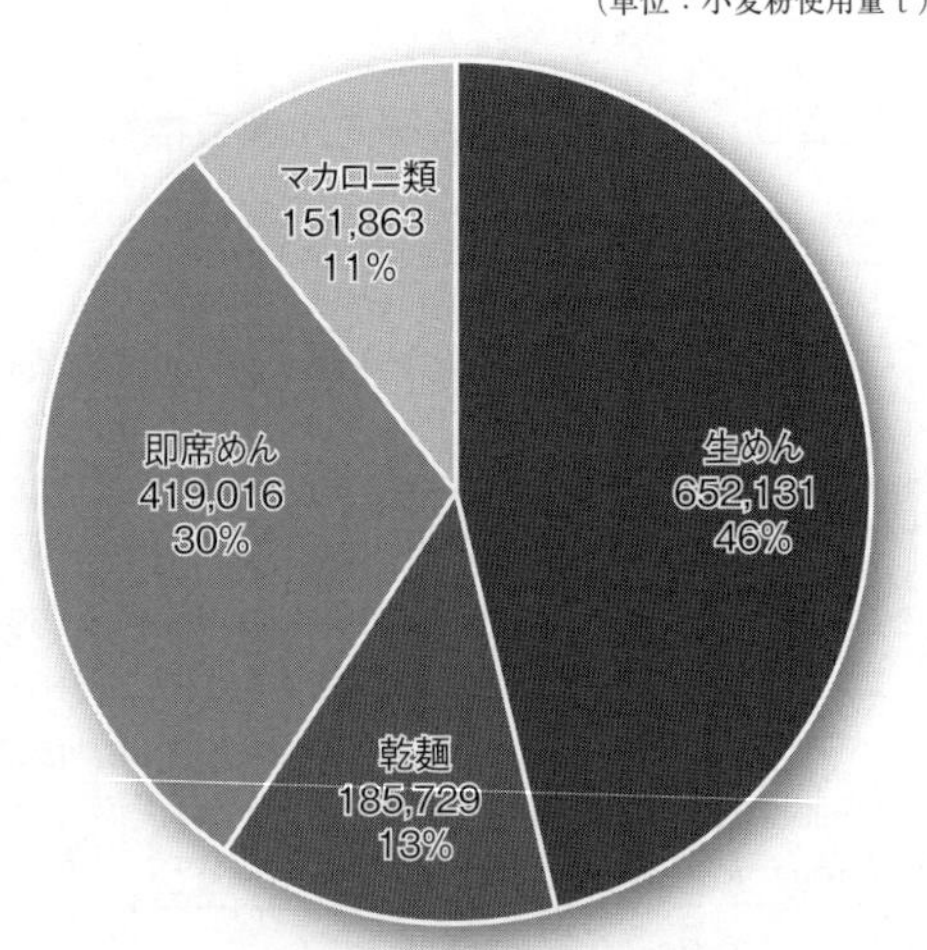

資料：農林水産省「食品産業動態調査」

図表９－２　めん類の国内生産量（平成28年）

増加している。

マカロニ類であるパスタは、後から加わった唯一の西洋風めんであるものの、世の中の食生活の変化にマッチしためんとして、伝統的な和風めん類と同様に、市場で確固たる位置を占めるにいたった。

日本人の食生活のあり方が変わりつつあるなかで、主食としての米の消費が減少傾向にあるが、めん類は微増傾向である。

エネルギー源として重要な役割を果たす炭水化物系食品であるめん類の消費は、さらに伸びてほしいものである。

2 国産パスタの生産・消費の動向

(1) 食べ方の啓蒙と普及

① ショートパスタで普及を目指す

今市場に流通しているパスタは、乾燥パスタが主体である。乾燥パスタを工業規模で本格的に生産開始したのが、1955（昭和30）年である。国産パスタメーカーにとっては、この年がパスタ元年といえる年である。戦後10年のこの時期は、少しずつ食料事情が回復してきた時期であったとはいえ、パスタメーカーとしては、はたして、パスタが市場に受け入れられるものかどうか、心配しつつ生産をスタートさせた。

希望的な面としては、パンやバター、ハムなど欧米からの食べ物が普及を始めた時期でもあったので、同じ欧米からのパスタにわずかな期待がもたれたのも事実であった。

しかし、昭和30年代、パスタはその名称すら知る人が少なく、食べ方にいたっては、ほとんどの人が知らない状況であった。

パスタの普及には、まず、食べ方の啓蒙から始まった。

店頭での料理の実演や宣伝カーによる街頭での料理実演、雑誌やラジオでの宣伝など、あらゆる普及活動が展開された。

当初はスパゲッティなどのロングパスタよりも、マカロニなどのショートパスタ製品の普及に力を入れた。

それまでのうどんや乾めんに比べて、マカロニの方がスパゲッティよりも差別化がしやすく、販売に有利であったからである。

そのため、生産開始時期から１９６３（昭和38）年までは、マカロニの生産量がスパゲッティよりも多い時期が続いた。

今のスパゲッティの生産量がパスタ全体の80％を超える状況からみれば、考えられない現象であった。

② スパゲッティの消費拡大

１９５５（昭和30）年のパスタ元年からの10年間は、日本の経済が成長を遂げつつあり、食生活は欧米化への移行時期でもあった。

パスタメーカーにとっては、パスタがこの時流に乗ってくれることに期待した。結果的には、それに近い線で、生産量は年率２ケタ台の伸び率を示すことになった。

1955年が3800t、そして1964年が5万tの生産量で13倍の伸びとなった（図表9－3）。絶対数量が少ないということもあるが、伸び率としては高い数値を示した。

昭和30年代後半には、多くの喫茶店メニューにスパゲッティが加わるようになって、スパゲッティ・ナポリタンの全盛期が到来した。

この頃からマカロニとスパゲッティの消費量が逆転するようになった。

(2) 機械化と過熱する価格競争

1965（昭和40）年から1974年までの10年間は、前の10年間に比べると相対的に伸び率は低下した時期であった。もちろんこの間にも変動はあり、前半は比較的高い伸び率を示した。

その要因としては、1962（昭和37）年にパスタ製造機の輸入が自由化され、各社が大型の新鋭製造機を導入し増産を始めたことにある。しかし、結果として、数年後には生産量が需要を上回るほどの状態となり、必死の販売競争が繰り広げられた。

当然、供給過剰となれば過当競争を生みだすことになり、後半には価格競争へと突入していった。

1970（昭和45）年には大阪で万国博覧会が開催されて経済は活況を呈し、パスタの消費量もこれにつれて増加した。

1973（昭和48）年には待望の10万t台に達したが、その年に第一次石油危機が発生し、翌年および翌々年と2年続きで伸び率が前年比マイナスとなった。この頃、ファストフード店やファミリーレストランが台頭したが、これらの外食店とパスタとの密接な結びつきの関係はまだ出てきて

図表9－3　国産パスタ生産量推移

（単位：ｔ、％）

年		ショート	ロング	計	前年比
1955	昭和30	3,800	0	3,800	－
1965	40	25,400	33,700	59,100	119.0
1975	50	25,300	70,900	96,200	96.0
1985	60	29,100	91,200	120,300	99.0
1995	平成7	29,000	109,100	138,100	101.0
2005	17	25,900	128,800	154,700	102.8
2010	22	25,700	129,600	155,200	103.6
2011	23	28,400	132,100	160,500	103.4
2012	24	28,600	119,400	148,000	92.2
2013	25	23,900	126,800	150,700	101.9
2014	26	25,900	128,800	154,800	102.7
2015	27	25,300	119,400	144,700	93.5
2016	28	24,900	108,900	133,800	92.5

資料：（一社）日本パスタ協会

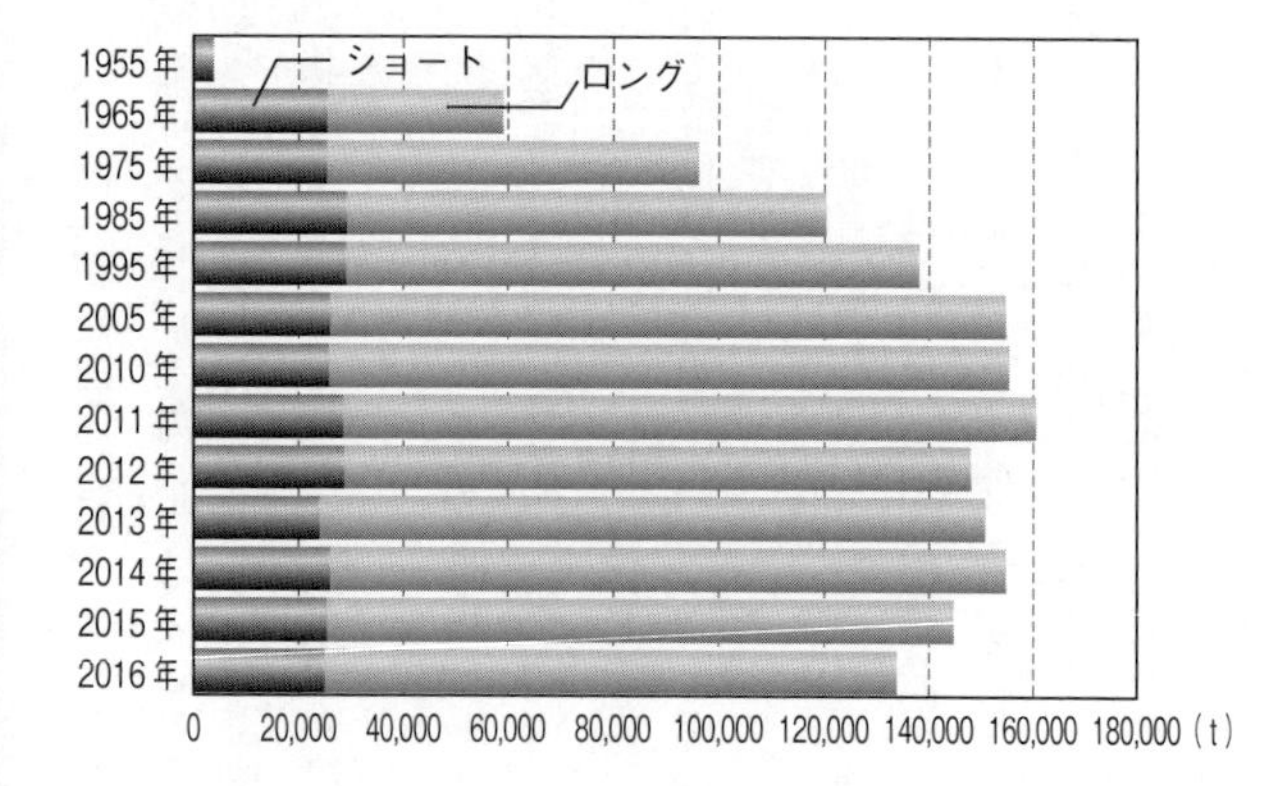

いない。

1979（昭和54）年から1980年にかけては第2次石油危機の発生もあって、成長をよりいっそう鈍化させる要因となった。引き続き伸び率は芳しくなく、前年比マイナスになる年があるなど、いわば低迷期に近い状況であった。

(3) イタリアンブームとパスタの定着

① 国産品と輸入品の攻防

1992（平成4）年、長年の生産量12万t台の状況からやっと13万t台に達した。この時期は第一波のイタリアンブーム到来、輸入品の急増など、環境の変化が激しくなり始めていた。13万tを達成した92年はめずらしく高い伸びを示したものの、翌年には前年比でマイナスになるなど伸び率が大きく変動した。

輸入量の急激な増加にともない、市場では国産品と輸入品の競争が激しさを増した。国産品にとって、輸入品は円高による価格安であり、一方で国産品は高価格の原料を使わざるを得ないという、二重の不利な条件を抱えての競争であった。

この厳しい販売競争のなかで、国産パスタメーカーは品質の向上や新製品開発に努めるとともに、各種販売促進策を打ち出すなどの努力をしてきた。

こうした努力は、結果的には国産パスタメーカーの体質強化に結びつき、次の販売量増加につながる充電期間になったことも事実である。

1995（平成7）年から2005年の10年間は、まさにその結果が実って高い伸び率を示すなど、パスタが着実に日常の生活に定着をしてきたことを感じさせるものがあった。

図表９－４　パスタの国内生産量と輸入量

（単位：ｔ）

年		国内生産量	輸入量	国内消費量
1985	昭和60	120,300	25,700	146,000
1990	平成2	124,400	41,600	166,000
1995	7	138,100	63,200	201,300
2000	12	150,200	95,100	245,300
2005	17	154,700	109,600	264,300
2006	18	161,100	109,800	270,900
2007	19	163,500	104,400	267,900
2008	20	158,600	127,300	285,900
2009	21	149,900	116,400	266,300
2010	22	155,200	120,700	275,900
2011	23	160,200	134,500	294,700
2012	24	148,000	142,300	290,300
2013	25	150,700	132,600	283,300
2014	26	154,800	132,600	287,400
2015	27	144,700	132,000	276,700
2016	28	133,800	145,000	278,800

資料：（一社）日本パスタ協会

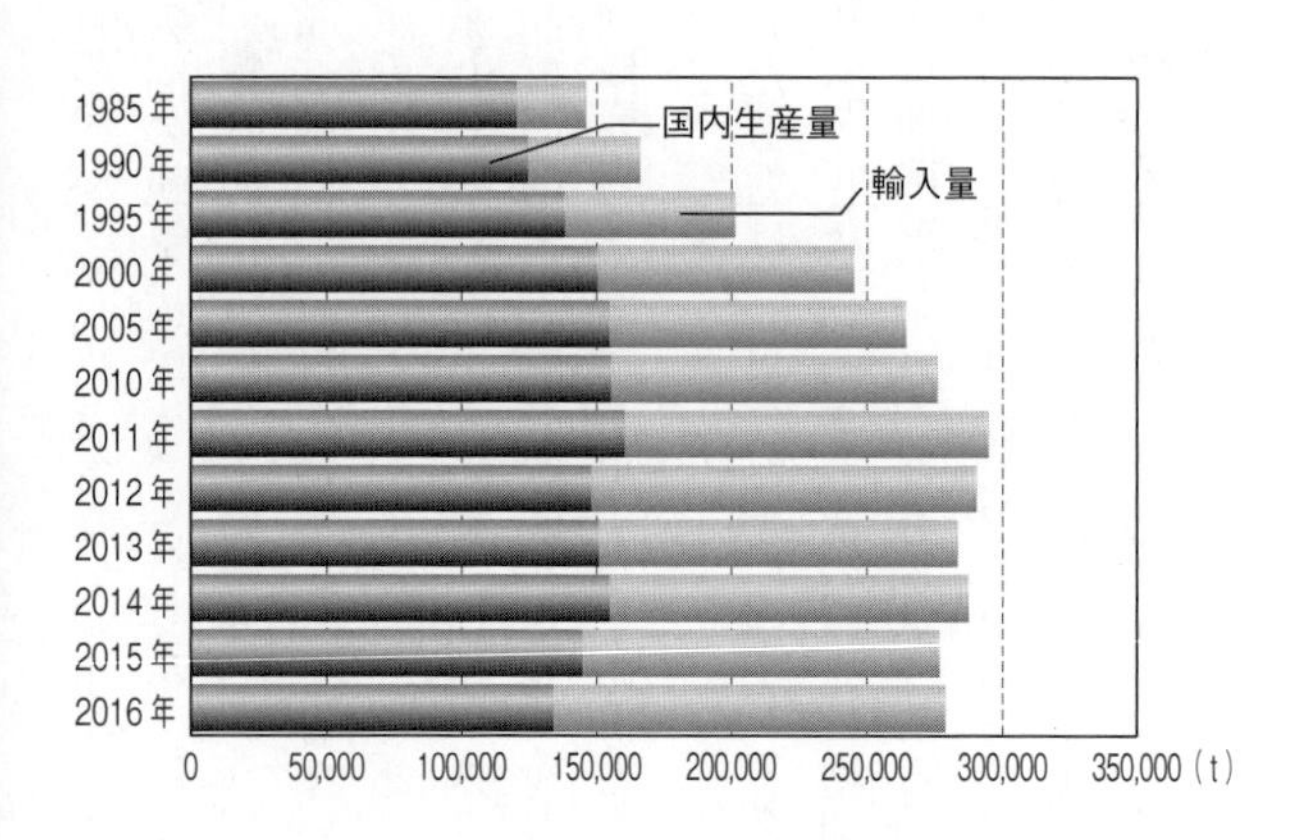

輸入パスタを含めた国内の総消費量は、2008（平成20）年は28万ｔを超えた（図表9—4）。2011年は29万ｔを超え、30万ｔが視野に入ってきた。

もちろん、数回のイタリアンブームの影響もあるが、国産パスタメーカーの企業努力も手伝って、このパスタブームを巻き起こしたといえるであろう。見方を変えれば、バブル景気崩壊後にもかかわらず、その影響を受けずに高度な成長を遂げたことは、パスタの成長が本物になってきたともいえる。

②国産品と輸入品共存の時代

かつて輸入品急増期のパスタ市場では、国産パスタメーカーは輸入品を抑えることのみに努力を払ってきた。しかし、多くの輸入品が店頭に並ぶ今日の市場では、こうした対立の構図だけではパスタ市場の成長を危ういものにしてしまう。国産品と輸入品は共存の形での市場構成をしなければならない。両者の境界線がなくなりつつあるのが現状である。

国産パスタメーカーが自ら輸入パスタを取り扱ったり、海外に自社工場をもったりするなど、国産パスタと輸入パスタを一体化した販売政策を取りつつある。

また、国産パスタの成長の中身をみると、スパゲッティだけの伸びであってマカロニなどのショートパスタは伸びていない。

国産パスタメーカーでは、今後のパスタの普及拡大にはショートパスタの普及が欠かせないものとして、その路線を打ち出している。

ショートパスタをどんなメニューで、そしてどんなときに食べるかなど食のシーンで、初期の頃の市場開拓精神に戻ってキャンペーンを実施している。

前述したとおりパスタ元年である1955年の生産量がわずか3800tだったのに対し、2016年の総消費量（国産品+輸入品）は約28万tと、実に73倍に成長し今日にいたっている。

3　輸入パスタの動向

パスタ製品の輸入が自由化されたのは1971（昭和46）年である。この年の輸入量は390tと少なく、輸入自由化後もしばらくは目立った動きはなかった。

しかし、輸入自由化10年後の1980（昭和55）年には8067t、20年後の1990（平成2）年には4万1600tの輸入量となって、着実に、しかも急速に増加した。

2016（平成28）年には輸入量が14万5000tとなり、1971年に比べ372倍の増加である。

今日の国内市場における国産パスタと輸入パスタの比率は、48対52となっている。小麦粉加工食品のなかでは、パスタは製品の輸入率が非常に高い部類に属している。

パスタの原料の小麦は、国際価格より割高な小麦を使用せざるを得ないという、輸入品に対して不利な環境下に置かれている。

品質的には国産品も輸入品もほぼ匹敵したものといえるが、日本人特有のきめこまやかな対応は、国産パスタの品質管理の面では、常に一定品質の商品を提供できるという特性をもち合わせている。

輸入の国別の傾向は、依然としてイタリアからの輸入が約50％と抜群のシェアをもっているが、近年トルコからの輸入が増加傾向にある。

今後も輸入パスタが、市場拡大の一翼を担っていることは確かであり、両者が消費者の信頼を失うことなく、建設的なパスタ普及の努力を共に進めるべきである。

4 最近の消費安定とその要因

過去、何度かにわたって訪れたイタリアンブームが、好ましい環境作りをしてくれたことは確かである。

しかし、このように突然訪れた良好な環境下だけで消費が伸び、安定するものではなく、長年にわたる国産パスタメーカーの企業努力もあって、その相乗効果が表れたものと考えられる。

最近の消費拡大の要因について、パスタメーカー側からの分析として内的要因および外的要因について考えてみたい。

(1) 消費拡大の内的要因

① 品質の向上

内的要因の第一にあげられるのが、国産パスタの品質が大きく向上したことである。輸入パスタと混在する市場のなかで、外国製品と同等か、あるいはそれ以上の品質を保つことができるようになった。その理由には２つのことが考えられる。

その一つは原料の問題である。かつての国産パスタはパスタ専用小麦粉のデュラム・セモリナのほかに、一般の強力小麦粉を配合した製品が中心であった。

国産パスタメーカーは市場競争力をつけるために、1985年頃（昭和60年代）から原料をデュラム・セモリナ100％製品に切り替え始めた。今では、市場に流通するパスタのほとんどがこれに切り替わっている。

デュラム・セモリナの製粉方法にも改良が加えられた。粉砕工程の改良や成分の構成比の改良でパスタの加工に適したデュラム・セモリナが開発された。

これによって、プリンプリンとした弾力や歯応えのある優れた品質のパスタ製品を市場に提供できるようになった。

品質向上の2つ目の理由は、製造技術の向上である。生地の生成工程や押出し成形工程など、パスタを成形するまでの過程であらゆる改良がなされた。

さらに、大きな改良として、乾燥工程の技術的改良、設備改善がある。パスタ製造機の技術的進歩はめざましいものがあり、乾燥温度の高温化や品質を落とすことなく乾燥時間を短縮化するなどの改良が加えられてきた。

② 緻密な販売促進策

内的要因の第二としては、国産パスタメーカー各社がマーケット調査に基づいて、商品政策や営業政策など緻密な販売促進策を打ち立て、それに取り組んできたことである。

一つは、製品の品揃えを充実したことにある。いろいろな形状のショートパスタ製品を充実させ、サラダ用パスタやグラタン用パスタなどメニュー提案と組み合わせた製品、野菜や食物繊維、カルシウムなどを配合した健康志向製品、子ども向けキャラクター製品など、多くのパスタを提案してきた。

スパゲッティでは、太さの違う製品の品揃えをしたり、ゆで時間を短縮させたスパゲッティを開発したりするなど、消費者の好みに応じた選択の提案をしている。

製品ジャンルのバラエティー化としては、乾燥パスタ以外に冷凍パスタなど、消費者の生活スタイルに合わせた商品提案もしている。

二つ目には、パスタソースやパスタ調理用ベース素材を自社商品として品揃えをして、パスタと連動させて販売促進活動をしてきたことにある。パスタ周辺の関連食材の裾野は広く、まだまだ開拓されていない食材は多い。

三つ目としては、新しいパスタの市場分野として惣菜加工市場や中食市場を積極的に開拓してきたことにある。

(2) 消費拡大の外的要因

パスタの消費拡大の要因をパスタメーカーの外側からみると、次のようなことが考えられる。

① 価値観の多様化

日常の食生活において、消費者一人ひとりの価値観が多様化している。消費者は、従来の限られた食品や料理といった均一的な食生活から脱皮し、自分なりのスタイルを創造したいと考えるようになっている。

そのためには、おいしさ、健康、簡便性、ファッション性など多くの要素から自分に合った食品や料理、時間帯を選び、自分なりの食生活を演出することにこだわりをもっている。

パスタはこうしたいろいろな食生活スタイルの多くの要素に、十分に応えられる食品であると判断する消費者が増えている。

② パスタソース類の充実

パスタの消費拡大にともなってパスタソースのニーズが高まり、市場の受け入れ体制が充実してきた。パスタソース類は、レトルトやペースト、粉末など商品形態も多様である。

家庭で手軽にパスタ料理を食べたいというニーズは高まる一方、国産パスタメーカーとしてもこれに対応するべく商品開発に努めてきた。

レトルトソースは、1~2人前の需要が高い。

ソースの中味もおいしく充実してきており、タイプとしては、やはりミートソースのシェアが大きいが、和風系ソース、魚介類のソース、チーズ系ソース、あるいは、家庭で具材を加えて調味するベースソースなどがある。

このようにパスタソースはバラエティーに富み、家庭でパスタ料理を手軽に食べたいという要望に十分に応えられる環境になったことで、さらにパスタの消費に結びつくという良い循環となっている。

③ 関連食材の充実

家庭でパスタを食べたいというニーズは、まずはおいしいパスタソースに求められ、次に、さらにおいしく食べるため、パスタソースから脱皮し手作りの料理に関連する食材のニーズへと拡大していく。

パスタ料理の関連食材には、オリーブ油、ホールトマトの缶詰またはびん詰、オリーブのびん詰、チーズ類、バルサミコ酢、ハーブ類などたくさんある。関連の加工食品から生鮮食品にいたるまで、さまざまな食材が市場に流通している。しかも、品質的にも味的にも満足の得られるものが、容易に店頭で入手できるようになった。

こうしたことが家庭に限らず外食産業においてもパスタ料理のバラエティー化を容易にし、家庭では、本格的な味のパスタ料理が食べられるようになっている。

④ 惣菜、弁当類の普及

パスタを利用した惣菜、弁当類がコンビニエンスストアを中心に急速に普及拡大した。これがパスタ消費の裾野を広げる要因にもなっている。

これによって、質的にもレベルアップした調理済みパスタを容易に購入できるようになり、パスタの利用機会が多くなった。

⑤ イタリアンレストランの定着

イタリアンレストランは日本にすっかり定着している。リーズナブルな価格のメニューを揃え、気軽に、そして、洒落た雰囲気で食事できるイタリアンレストランは多い。イタリアンレストラン興隆の波は繰り返されているが、バブル期頃の高価格のレストランは客からの敬遠を受けたこともあって、淘汰されて現在のような状況になっている。

このように内的、外的要因が個々に、あるいは相互に関連を保ちながらパスタの消費拡大に寄与し、新たな需要を喚起しつつあるのがパスタの消費動向といえる。

5　今後期待されるパスタ商品

(1) 調理の簡便化、合理化への対応商品

女性の社会進出、日常生活の多忙さ、昼夜区別なく動いている社会など、生活スタイルの変化にともない食生活も変化した。家庭での調理に時間をかけられず、食事時間は不定期で、かつ、短時間で済ませることを求められることも多い。

このような食生活の変化に対応するため、調理の簡便化が求められる。パスタに求められる調理簡便化の方策には、次のようなことが考えられる。

① ゆで時間短縮化への対応

かつて、パスタはゆで時間が長いという感覚でとらえられていた。そのため、ゆで時間の短いスパゲッティやショートパスタが開発された。

スパゲッティのゆで時間を短縮するためには、より細いスパゲッティを使えば解決できるが、それでは求める食感が得られなかったり、メニューによっては不十分なものとなってしまったりする。

その解決のために、太さや食感を維持したまま、ゆで時間を半分に短縮することを可能にした早ゆでスパゲッティが開発されている。

ショートパスタについては、円周の肉厚を薄くしたゆで時間短縮型のものが開発されている。

こうしたゆで時間短縮型のパスタは、消費者のニーズに応えるものとして消費が拡大傾向にある。

②惣菜、中食など調理加工用パスタへの対応

調理や食を外部化する目的でホームミール・リプレイスメント（ＨＭＲ：家庭内調理の代行）、あるいは中食といった、家庭での調理の合理化や簡便化の後押しをする産業が発展している。デパートやスーパーマーケット、あるいはコンビニエンスストアの店頭には惣菜類や弁当類が数多く並んでいるが、パスタを利用したものも多い。とくに、コンビニエンスストアでのパスタ商品は、品質が向上し品数も多い。

この外部化された、パスタを使った調理済み食品はインストアでの加工か惣菜工場での加工となる。いずれにせよ、家庭でゆでた直後のパスタを食べるのとは違って、調理から食べるまでの時間的条件が異なってくる。

すなわち、調理してから食べるまでの滞留している時間帯に、パスタの品質的な特性を失わないような加工耐性のあるパスタが求められる。

すでに流通側やメーカー側では、かなりの研究が進んでおり、優れた品質のパスタが商品化されている。

これらの惣菜や弁当類はすでにパスタ消費に大きく寄与しているが、調理簡便化の傾向は今後も進むであろうし、これからも期待される消費分野である。

③冷凍パスタへの対応

近年の冷凍技術の進歩は、冷凍食品の品質を著しく向上させた。パスタについても同様であり、冷凍加工専用のパスタの開発とともに、冷凍技術の進歩がゆでた直後の品質に近い冷凍パスタの生産を可能にした。

解凍時間が短く、ゆでることをしなくても済む冷凍パスタは、人件費やエネルギーコストの削減目的で当初は外食産業での利用が多かった。しかし、最近では家庭用冷凍パスタの比率が年々高くなっている。

品質の向上とともにソースや具材のバラエティー化が進み、いつでも簡単に食べられるという利点は、家庭用の冷凍パスタを伸ばす大きな要因となっている。

(2) 健康志向への対応

人々の健康への関心は高く、健康の維持、あるいは病気予防効果のあるもの、健康阻害のない食品を求める傾向は強まっている。

パスタは本来、水と小麦粉のみから作られている自然食品である。その点では、健康阻害となるような成分の混入は考えられない。むしろ、主な栄養素である炭水化物など、パスタ料理の栄養的なメリットが見直されている。

しかし、より積極的な健康願望に応えるためには、パスタ本来の成分に依存するばかりではなく、健康を増進するための素材を配合するなど、プラスαの要素を加味したパスタの開発が求められている。

パスタは小麦粉をミックスし混練する工程をもつので、こうした機能的素材の粉末や液体を工程中で配合しやすい利点がある。

食物繊維やビタミン類、ミネラル類あるいは野菜類など、パスタのもつ本来の品質を損なわない範囲での配合は、いろいろ考えられる。

こうした健康維持・増進機能をもったパスタと、調理の素材やソースを吟味してパスタメニューを考えれば、パスタ料理一皿ですばらしい健康パスタ料理を作ることも可能である。

健康志向ニーズへの対応として、積極的な商品開発と市場開拓をすることで、今後も期待のもてる分野である。

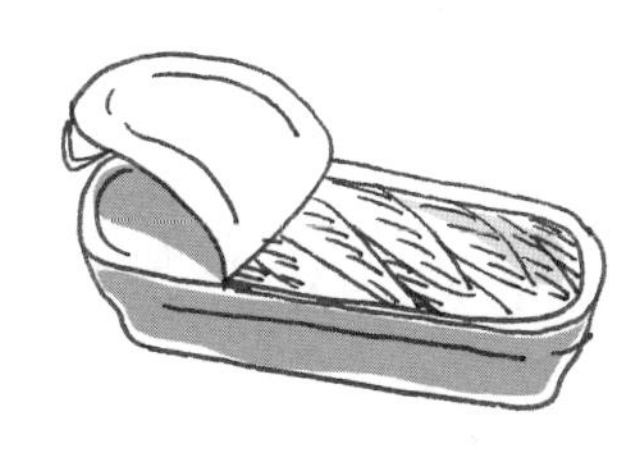

第10章 産業構造と業界状況

1 パスタ産業の構造

日本のパスタ産業は、63年の歴史をもつ。歴史の長い日本のめん産業のなかではもっとも若い産業であり、全めん類市場の10％強のシェアをもっている。

2016（平成28）年には、国産パスタの生産量は13万tに達し、これを9工場で生産している。日本の工場規模がパスタ工場として、大きいのか小さいのかを判断する確たる基準はない。

もちろん、日本のパスタ産業の現実は、大小規模の工場が集まったものであるが、総じて小規模の工場から成り立っている産業構造といえる。

イタリアでのパスタメーカーは、日本のうどんや乾麺の工場と同じように古い伝統をもち、地域に根差した家族経営的なメーカーが多いことも事実である。一方で、日本にはない大きなメーカーも存在する。

イタリアでの家族経営的な小規模メーカーに対して、日本の場合はすべて会社規模での経営形態となっている。ただし、業界自体が小さいためにイタリアほどの大規模メーカーはない。

しかし、国産パスタメーカーのなかでも規模の偏りはみられる。これを生産集中度でみると、2016（平成28）年の全生産量13万4000tのうち、上位2社で約7万9000tを生産、59％のシェアを占めることになる。上位4社では81％を占める（図表10―1）。

国産パスタメーカーの生産集中度からみれば、上位集中型の生産構造となっている。

63年間の歴史で、国産パスタメーカーは消費変動の波を受けながらも、総じて順調に伸びてきたが、その間少しずつ設備の更新や増設を実施してきた。

こうしたなかで、設備の増強と消費のタイミングのズレにより供給過剰を起こし、当然のことながら過当競争に見舞われることもあった。

こうした変動を受けながら少しずつパスタメーカーの数は減少し、新鋭設備の工場に生産が集中するなど、構造的な改革が進んでいる。

2 業界状況

(1) 協会の設立とパスタメーカー推移

現在の大手パスタメーカーが新鋭設備をもってパスタ業界に参入した1955（昭和30）年の「パスタ元年」から翌56年に、国産パスタメーカーの業界団体として「全日本マカロニ協会」が誕生した。

この年に、アメリカの余剰農産物の市場開拓費を背景とした販促費を同協会が受けて、「マカロニ調理講座」の番組をテレビ放映している。

これがマカロニ業界として、初めて一丸となって実施したマーケッティング活動であった。まだまだ、パスタの食べ方を啓蒙しなければならない時代であった様子が読み取れる。

図表10－1　国産パスタ生産集中度

	2006年	2016年
年間生産量	16万1,000t	13万4,000t
上位2社	58%	59%
上位4社	78%	81%
上位6社	88%	93%
全社	100%	100%

パスタの市場が拡大するにつれて新規メーカーの参入があいつぎ、1960（昭和35）年には18社、1961年には20社、1962年には22社と増加していった。

国産パスタメーカーの数がピークを迎えたのが、1965（昭和40）年の24社である。その後、大方の予想に反してパスタは伸びず、過当競争の時代を迎えた。厳しい販売競争に耐え切れず撤退するメーカーがつぎつぎと出てきた。

1966（昭和41）年には20社、5年後の1971年には16社へと減少した。その後も減少傾向は続き、1999（平成11）年には11社となった。

11社のうち全日本マカロニ協会に加盟しているパスタメーカーは9社、加盟外のメーカーが2社である。

その後、全日本マカロニ協会は、2002（平成14）年に日本パスタ協会と名称を変更した。現在、日本パスタ協会に加盟しているパスタメーカーは8社である。

このように厳しい販売競争や産業の構造改革の影響を受けて、パスタメーカーの数は減少し、大型のパスタメーカーに生産が集中してくるという現象は、日本もイタリアも同様である。

(2) パスタ商品の規格整備

日本パスタ協会は発足後、パスタの消費促進のための活動を地道に続けてきた。

そのなかで、品質の向上と市場に出回る不適格品の排除のために、協会として自主的な製品の規格作りをして対応することにした。

1961（昭和36）年に「マカロニ・スパゲッティ類規格（AJMA）」を制定して、その年から協会の自主的な製品管理業務が開始された。これが1973年の前半まで続いて、その年の後半から「日本農林規格（JAS）」に引き継がれている。

それに先立ち、1972（昭和47）年に全日本マカロニ協会は社団法人として認可され、翌73年には「JAS」の格付登録機関の認可を受けて、JASによる管理業務が始まった。

この業務が1998（平成10）年までの長い間続き、その年の3月にJAS格付登録機関の機能を他機関に移管した。

2002（平成14）年設立の「社団法人　日本パスタ協会」は、2013年に「一般社団法人　日本パスタ協会」へ改称している。

日本パスタ協会の設立目的は、次のように定められている。

「パスタに関する技術研究および製品研究を行うことによりその品質向上を図るとともに、あわせてパスタ全般に関する調査研究および普及啓発を行い、もって国民食生活の向上に寄与する。」

協会の主な活動内容は、パスタ大学の開催、ホームページの開設、その他、さまざまなＰＲ活動、消費者アンケート調査などである。

【（一社）日本パスタ協会の概要】

平成30年4月現在

〔設立〕

・1972年7月　社団法人　全日本マカロニ協会として発足
・2002年2月　社団法人　日本パスタ協会に改称
・2013年4月　一般社団法人　日本パスタ協会に改称

〔設立目的〕

パスタに関する技術研究および製品研究を行うことによりその品質向上を図るとともに、あわせてパスタ全般に関する調査研究および普及啓発を行い、もって国民食生活の向上に寄与する。

〔活動内容〕

国産パスタの製品改良、品質向上および規格の改善に関する調査研究。国産パスタに関する啓発および市場拡大のためのＰＲ活動。

〔所在地〕

東京都中央区日本橋兜町15番6号
ＴＥＬ：０３（３６６７）４２４５

FAX：03（3667）4245

〔協会加盟社〕

赤城食品㈱
奥本製粉㈱
オーマイ㈱
㈱コルノマカロニ
昭和産業㈱
日本製麻㈱
はごろもフーズ㈱
マ・マーマカロニ㈱

〔主な活動内容〕

・パスタ大学

1986（昭和61）年から開催している食品業界関係者向けの勉強会。

当初は、外食産業従事者を対象に行っていたが、2000（平成12）年からは管理栄養士、栄養士を対象に、パスタの健康効果を医学的、栄養学的側面から解説するとともに、集団調理に使いやすいパスタメニューの調理ポイントを紹介している。

・ホームページの開設

誰でもパスタに関する情報を閲覧できるようにホームページを開設している。

季節に合わせたレシピの紹介、パスタの歴史や製造工程の紹介などのほか、協会が主催するイベントの案内も確認できる。

・その他の活動

パスタの歴史、栄養的特徴、製造工程、おいしいゆで方などを紹介するVTRを制作し、協会主催イベントで上映するほか、映像資料としてテレビ局などに提供している。また、ＰＲ用ハンドブック「Pasta Pasta」では、ＶＴＲの内容にオリジナルパスタ料理のレシピを加えて編集・製作し各種イベントの参加者に配布している。その他にも、さまざまなＰＲ活動を実施している。

第11章 パスタ製造に関連する法規制

◆食品安全基本法

（目的）食品の安全性の確保に関し、基本理念及び施策の策定に係る基本方針等を定め、並びに国、地方公共団体及び食品関連事業者の責務並びに消費者の役割を明らかにすることにより、食品の安全性の確保を総合的に推進する。

◆食品衛生法

（目的）この法律は、食品の安全性の確保のために公衆衛生の見地から必要な規制その他の措置を講ずることにより、飲食に起因する衛生上の危害の発生を防止し、もつて国民の健康の保護を図ることを目的とする。

◆ＪＡＳ法（農林物資の規格化及び品質表示の適正化に関する法律）

（目的）この法律は、適正かつ合理的な農林物資の規格を制定し、これを普及させることによって、農林物資の品質の改善、生産の合理化、取引の単純公正化及び使用又は消費の合理化を図るとともに、農林物資の品質に関する適正な表示を行なわせることによって一般消費者の選択に資し、もつて公共の福祉の増進に寄与することを目的とする。

◆不当景品類及び不当表示防止法

（目的）この法律は、商品及び役務の取引に関連する不当な景品類及び表示による顧客の誘引を防止するため、私的独占の禁止及び公正取引の確保に関する法律（昭和二十二年法律第五十四号）の特例を定めることにより、公正な競争を確保し、もつて一般消費者の利益を保護することを目的とする。

◆**計量法**

（目的）この法律は、計量の基準を定め、適正な計量の実施を確保し、もって経済の発展及び文化の向上に寄与することを目的とする。

◆**健康増進法（栄養改善法）**

（目的）この法律は、我が国における急速な高齢化の進展及び疾病構造の変化に伴い、国民の健康の増進の重要性が著しく増大していることにかんがみ、国民の健康の増進の総合的な推進に関し基本的な事項を定めるとともに、国民の栄養の改善その他の国民の健康の増進を図るための措置を講じ、もって国民保健の向上を図ることを目的とする。

◆**食品リサイクル法（食品循環資源の再生利用等の促進に関する法律）**

（目的）この法律は、食品循環資源の再生利用並びに食品廃棄物等の発生の抑制及び減量に関し基本的な事項を定めるとともに、食品関連事業者による食品循環資源の再生利用を促進するための措置を講ずることにより、食品に係る資源の有効な利用の確保及び食品に係る廃棄物の排出の抑制を図るとともに、食品の製造等の事業の健全な発展を促進し、もって生活環境の保全及び国民経済の健全な発展に寄与することを目的とする。

◆製造物責任法（PL法）

（目的）この法律は、製造物の欠陥により人の生命、身体又は財産に係る被害が生じた場合における製造業者等の損害賠償の責任について定めることにより、被害者の保護を図り、もって国民生活の安定向上と国民経済の健全な発展に寄与することを目的とする。

参考文献

本書を書くに当たって、多くの書籍、雑誌、学会誌、および官公庁、業界団体などの出版物を参考にさせていただいた。

とくに、食品業界関連の新聞や一般誌では、タイムリーな情報が掲載されることが多く、数量的なデータなど参考になるものが多いが、今回はその一つひとつの紙名（誌名）の掲載は割愛させていただいた。

ここに紹介した参考文献が読者の皆様の参考になればと考えている。

ヴィンチェンツォ・ブオナッシージ（西村暢夫・木戸星哲訳）「パスタ宝典」読売新聞社
ヴィンチェンツォ・ブオナッシージ（西村暢夫他訳）「新パスタ宝典」読売新聞社
ウェイヴァリー・ルート（日本語版監修江上トミ）「イタリア料理」タイムライフブックス
森岡輝成「私のイタリア料理」柴田書店
玉村豊男「グルメの食法」TBSブリタニカ

永作達宗・本多功爾「イタリア料理入門」鎌倉書房
坂本鉄男「イタリアパスタの研究総括篇」イタリア書房
「イタリア料理―愛郷と伝統の味わい」柴田書店
石毛直道「文化麺類学ことはじめ」フーディアム・コミュニケーション
大塚 滋「食の文化史」中央公論社
横山旭三郎（新潟県加茂市）「加茂のマカロニーについて」
「新潟県南蒲原郡是調査書」新潟県南蒲原郡役所
「加茂市史 上巻」新潟県加茂市
石毛直道・辻 静雄・中尾佐助監修「週刊朝日百科 世界の食べもの」朝日新聞社
竹内啓一・西村暢夫編集「イタリア1～4」
「昭和の食品産業史」日本食糧新聞社
「マ・マーマカロニ30年史」マ・マーマカロニ

岡田 哲「コムギ粉の食文化史」朝倉書店
「明治屋百年史」明治屋
矢崎郁夫・高田良彦「マカロニ・スパゲッティの製造」光琳書院
「地中海式ダイエット」イタリア貿易振興会
「炭水化物（パスタ）でダイエット」マガジンハウス
「マ・マーパスタカーボコントロール」日清製粉
Massimo Alberini "Guida all Italia gastromica" Touring Club Italiano
Jack Denton Scott "The Complete Book of PASTA" Willam Marrow and Company inc.
池田 廉・他「伊和中辞典」小学館
ポプリ「イタリア・地中海料理百科事典」同朋舎出版
新島 繁・他「麺類百科事典」食品出版社
日本麦類研究会「小麦粉」

製粉振興会「小麦粉の話」
小田聞多「新めんの本」食品産業新聞社
Ch Hummel "MACARONI PRODUCTS" FOOD TRADE PRESS
森岡輝成「パスタ料理」三笠書房
吉川敏明・他「イタリア料理教本」柴田書店
村井弦斎「食道楽」新人物往来社
V・ブオナッシージ「イタリアソース宝典」読売新聞社
V・ブオナッシージ「イタリア人のイタリア料理」柴田書店
V・ブオナッシージ「ブオナッシージの基礎イタリア料理」柴田書店
G・マルケージ「新しいイタリア料理」三洋出版貿易
ペック「味公爵 パン 麺 パスタ」講談社
西川 治「私が食べたイタリア料理」ソニーマガジンズ

西川 治「パスタ」日本ヴォーグ社
マリオ・べニーニ「マリオのイタリア料理〈3〉パスタ・ピッツァ」草思社
R SALVADORI "LA DIETA MEDITERRANEA" IDEA LIBRI S.p.A.
鈴木正成「勝利への新・スポーツ栄養学」チクマ秀版社
ターザン編集部「ターザン流炭水化物主義」マガジンハウス
川路 妙「地中海式ダイエット」TBSブリタニカ
別冊家庭画報「人気のパスタで地中海式ダイエット」世界文化社
カゴメ「トマト・グルメのトマト料理」
塚本 守・齊藤 宏「パスタのある食卓」地球社
塚本 守・門岡克行・布施精作「食品加工総覧」農山漁村文化協会
「イタリアのパスタ産業」日本貿易振興会（1996年）
町田 亘・吉田政国「イタリア料理用語辞典」白水社

「ご存知ですか 食品の安全性」食生活情報サービスセンター
「改訂 早わかり食品衛生法」日本食品衛生協会
「生めん類の衛生規範」日本食品衛生協会
坪山悦子・他「日本食品工業学会誌」(Vol.23 No.5) 日本食品工業学会(1976年)
塚本 守「日本食生活学会誌」(Vol.8 No.2) 日本食生活学会(1997年)
塚本 守「食品工業」(Vol.37 No.11) 光琳(1994年)
塚本 守「輸入食糧協議会報」(AUGUST) 輸入食糧協議会事務局(1997年)
飯塚茂雄「パスタ産業について」(製粉教室テキスト) 製粉振興会

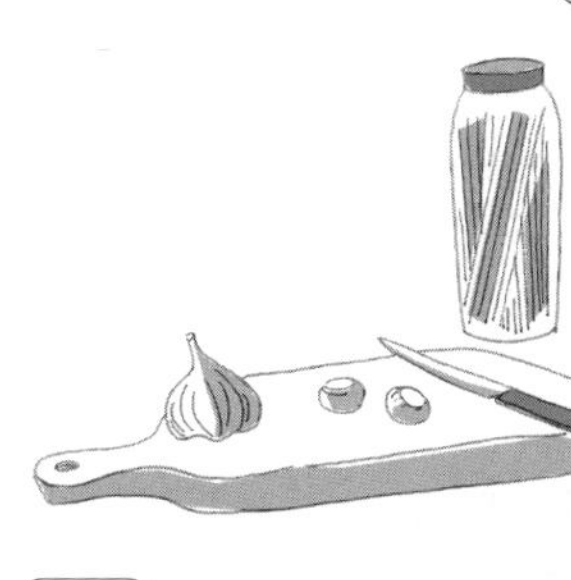

執筆者

小矢島　聡（こやじま さとる）

マ・マーマカロニ㈱

平成4年神奈川大学工学部応用化学科卒業、同年マ・マーマカロニ㈱入社。平成28年よりマ・マーマカロニ㈱ R&D品質グループ・グループリーダー。入社以降、パスタの研究開発と品質管理に携わる。

塚本　守（つかもと まもる）

昭和35年宇都宮大学農学部農芸化学科卒業、同年日本マカロニ㈱（現・マ・マーマカロニ㈱）入社。平成8年同社常務取締役開発部長、10年常任監査役。主としてパスタの商品開発、製造、商品企画業務等に携わる。日本調理食品研究会理事。

食品知識ミニブックスシリーズ「改訂版　パスタ入門」
定価：本体1,200円（税別）

平成12年8月22日　初版発行
平成30年11月30日 改訂版発行

発　行　人：杉　田　　尚
発　行　所：株式会社　日本食糧新聞社
〒103-0028　東京都中央区八重洲1-9-9
編　　　集：〒101-0051　東京都千代田区神田神保町2-5
北沢ビル　電話03-3288-2177
FAX03-5210-7718
販　　　売：〒104-0032　東京都中央区八丁堀2-14-4
ヤブ原ビル　電話03-3537-1311
FAX03-3537-1071
印　刷　所：株式会社　日本出版制作センター
〒101-0051　東京都千代田区神田神保町2-5
北沢ビル　電話03-3288-2177
FAX03-5210-7718

カバー写真提供：PIXTA（ピクスタ）　　コピーライト：ピクスタ
karandaev（various pasta）

ISBN978-4-88927-268-0　C0200

食品知識ミニブックスシリーズ　新書判 1,200円（税・送料別）

- ●外食入門　千葉 哲幸 著
- ●アルコール熟成入門　北條 正司・能勢 晶 共著
- ●チーズ入門　西 紘平 監修
- ●スパイス入門　白石 敏夫・福田 みわ・三浦 修司 共著
- ●パン入門　山崎 春栄 著
- ●自動販売機入門　井上 好文 著
- ●食品包装入門　黒崎 貴 著
- ●砂糖入門　水口 眞一 著
- ●紅茶入門　斎藤 祥治・内田 豊・佐野 寿和 著　稲田 信一 編著
- ●乾めん入門　安藤 剛久 著
- ●漬物入門　宮尾 茂雄 著

名簿、事典、マーケティング資料等、
食品業界向けの出版物についてのお問い合わせは
日本食糧新聞社 読者サービス本部
TEL.03-3537-1311
★ホームページ　http://info.nissyoku.co.jp
★E-mail　honbu@nissyoku.co.jp